# 儿童敏感期心理学

## （完全图解版）

柳卫娟◎编著

中国纺织出版社有限公司

# 内 容 提 要

敏感期是孩子能力发展最快速、最容易受到影响的时期，父母若能在这个阶段给予孩子适时适地的教育，往往会起到事半功倍的效果。

本书详细阐述了孩子在成长过程中所经历的每个敏感期的行为特征以及教育策略，帮助父母全方位地了解处于敏感期的孩子，同时给予孩子更有效、更科学的教育引导。

## 图书在版编目（CIP）数据

儿童敏感期心理学：完全图解版 / 柳卫娟编著.--北京：中国纺织出版社有限公司，2021.6
ISBN 978-7-5180-8409-8

Ⅰ.①儿… Ⅱ.①柳… Ⅲ.①儿童心理学 ②儿童教育—家庭教育 Ⅳ.①B844.1 ②G782

中国版本图书馆CIP数据核字（2021）第040714号

责任编辑：张 羽　　责任校对：楼旭红　　责任印制：储志伟

中国纺织出版社有限公司出版发行
地址：北京市朝阳区百子湾东里A407号楼　邮政编码：100124
销售电话：010-67004422　传真：010-87155801
http://www.c-textilep.com
中国纺织出版社天猫旗舰店
官方微博 http://weibo.com/2119887771
三河市延风印装有限公司印刷　各地新华书店经销
2021年6月第1版第1次印刷
开本：880×1230　1/32　印张：6
字数：80千字　定价：39.80元

凡购本书，如有缺页、倒页、脱页，由本社图书营销中心调换

# 前言

孩子为什么喜欢在墙上乱涂乱画？孩子为什么喜欢吃手？孩子为什么喜欢打人？孩子为什么喜欢扔掉手里的东西，捡给他又扔掉？孩子在生活中看似不经意的行为，其实隐藏着深意，然而却总是被父母所忽视。其实，孩子是到了成长的敏感期，父母关注并把握好孩子的敏感期是必修课，更决定着孩子各方面能力的发展水平。

研究发现人们的大脑终身学习是可能的，大脑终其一生都有再生的能力，也有产生新连接的能力。由于大脑终身都在学习，都在产生新连接，所以也没有真正的起点，随时都可以学习新技能。因此，孩子有学习敏感期，如对语言的学习，一两岁之前的孩子对语音、语调的感知，确实要比成年人敏感，而这个能力会随着成长而逐渐减弱。当孩子处于成长敏感期时，父母针对不同年龄阶段因材施教，有助于孩子形成积极、乐观的品质，培养有益于终身的学习能力。

不过，当孩子表现出敏感期的行为特征时，许多父母虽然察觉了，却不知道如何进一步帮助孩子，导致错失了教育的最好时机。甚至，父母会误以为孩子不听话，故意捣乱，他们对孩子的"淘气"行为批评斥责，给予正处于敏感期的孩子当头一棒，扼杀了孩子对未来成长的美好憧憬，使孩子变得胆怯、孤僻，缺乏对未来探索的勇气。每个孩子敏感期出现的时间并不一样，父母需要细心观察，才能及时捕捉到孩子的内在需求。当父母发现孩子对某项事物充满好奇和探究精神，或对某个活动乐此不疲时，那么首要考虑的是孩子是否到了敏感期。因为处于敏感期的孩子心里会有一股无法抑制的动力，这会驱使他对所感兴趣的特定事物产生尝试或学习的强烈兴趣，直到满足需求或敏感度减弱，这股无法抑制的动力才会消失。

孩子成长过程会出现许多个敏感期，如自我发展敏感期、语言敏感期、学习敏感期等，父母可以根据孩子敏感期的行为特征有针对性地进行教育。同时，父母也可以有效了解和理解孩子不同时期出现的不同行为，从而有计划、有目的地加以引导和教育。

编著者

2020年11月

# 目 录

# 第 01 章

## 成长敏感期，孩子一生的关键期

　　敏感期，是孩子成长阶段最关键的一环，可以说是孩子一生的关键期。因为孩子的情感、智商、学习能力、习惯等都是从这一时期潜移默化地学成的，所以，这一阶段的幼儿教育相当重要。

## 孩子敏感期的系列特点

著名儿童教育家蒙台梭利发现孩子的发展也存在敏感期，通过对孩子自然行为的细致、耐心、系统地观察后，他指出：孩子在每一个特定的时期都有一种特殊的感受能力，这种感受能力促使他对环境中的某些事物很敏感，对有关事物的注意力很集中、很耐心，而对其他事物则毫无反应。孩子的这种能力与印刻现象非常相似，蒙台梭利将其称为敏感期。

儿童敏感期指的是孩子在连续的、短暂的时间里，会有某种强烈的自然行为。在这段时期内，他们对某一种知识或技巧十分敏感。敏感期的出现使孩子对环境中的某个层面有强烈的兴趣，几乎掩盖了其他层面，而且在这个阶段，孩子会出现大量的、有意识性的活动。如果父母能够趋利避害，在孩子敏感期内因材施教，将会事半功倍，快速促进孩子心智的发展。

当然，孩子的敏感期是很短暂的，且在这个阶段中他们只对一种特定的知识或技能感兴趣，过了这个阶段这种兴趣就会消失，不会再出现对相同的兴趣点同样强烈的兴趣感。当孩子的成长敏感期来临时，父母要组织相应的活动来培养他们，让这种能力真正地发展起来。如孩子喜欢乱涂乱画，父母不能因为要维持家中洁净不让他们涂画，若过了这段时期，让孩子画什么他们都没有兴趣了。

在孩子敏感期的某些时间范围内，他会只对环境中的某一项特质专心，而拒绝接受其他特征的事物。同时，孩子还会没有特定的理由而对某种行为产生强烈的兴趣，不厌其烦地重复，直到突然爆发出某种新的动机为止。

## 小贴士

### 1.光感敏感期

孩子的光感敏感期通常在0~3个月。刚刚出生的孩子对光非常敏感，他们还需要花时间适应白天和晚上的光线差异。所以在这一阶段，白天可以打开窗帘，晚上关灯睡觉，让孩子慢慢适应自然的光线变化。

### 2.味觉敏感期

孩子到了4~7个月，他们的口腔可以感受到甜、咸、酸等味道。在这一阶段，父母可以开始为孩子添加辅食，因此要注意饮食的清淡，保护好孩子的味觉敏感度。

### 3.口手敏感期

4~12个月是口手敏感期。在这一阶段，孩子喜欢吃手，用口进行尝试、感觉，同时喜欢扔东西，这是最早的手眼协调发育的标志。在这一阶段，要给孩子口腔发育的机会，不要管制孩子扔东西的行为。

### 4.动作敏感期

孩子在2岁时可以走路，有许多肢体动作。父母可以在这一阶段给予他充分的空间，例如做一些游戏，让孩子的肌肉得到训练，增进亲子关系，让孩子左右脑得到均衡发展。

### 5.语言敏感期

孩子从观察父母说话的口型到突然说话，这就是语言敏感期。父母要在这一阶段引导孩子，多和孩子说话，多给他讲故事。当孩子需要表达自我感受时，他们自然就想开口说话了。

孩子在3~5岁开始进入诅咒敏感期，喜欢说脏话，父母反应越强烈，孩子越喜欢说。在这一阶段，父母不要在意孩子的语言，这并不是他想表达的，静待这一阶段过去即可。

### 6.自我意识敏感期

孩子1岁多至3岁是自我意识敏感期。他开始区分我的和你的、我和你的界限。他开始打人、咬人，再到模仿他人，慢慢有了自我意识。自我意识敏感期是孩子所有敏感期中最重要的阶段，父母保护孩子自我意识形成敏感期，会塑造孩子强大的人格。

### 7.社会规范敏感期

孩子2岁半至4岁，开始喜欢交朋友，喜欢参与群体活动，这说明孩子已进入社会规范敏感期。在这一阶段，父母要引导孩子与更多的孩子接触，如按时上幼儿园，因为幼儿园可以为孩子提供良好的交友环境。

孩子3岁半至4岁半，开始进入追求完美的敏感期。在这一阶段父母要尊重孩子，对孩子的问题不要扩大化，在什么时间只针对什么事。

孩子4岁半至6岁，进入人际关系敏感期，他们开始寻找有相同情趣的朋友并开始互相依恋，经历人际交往的全过程，这种交往能力是与生俱来的。

孩子4~5岁，真正进入婚姻敏感期，孩子会说"想和爸爸（妈妈）结婚"，他们渴望拥有属于自己的空间，父母要给予其尊重和自由。在同一时段，孩子进入身份确认敏感期，他们希望自己是某个偶像，透过自己的偶像来表达自己。

### 8.感官敏感期

孩子1岁半至4岁是观察敏感期。他们常常喜欢观察细小事物，捕捉其中的奥秘，或做出一些父母不能理解的细小动作。在这一阶段父母要引导孩子带着问题去认知世界。

孩子3~4岁进入逻辑思维敏感期，喜欢几何玩具，如钻箱子；开始对色彩产生感觉和认识，在生活中寻找不同的色彩；总喜欢问"为什么"；开始喜欢剪、贴、涂等行为，训练小手肌肉和手眼协调；喜欢强烈占有某种东西，喜欢支配自己的所属物。

孩子5~7岁，对自己的形象有了愿望和审美标准，特别是女孩子在这一阶段对自己的衣着和服饰产生了浓厚兴趣。

### 9.学习敏感期

孩子4岁半至7岁进入数学概念敏感期。他们开始对数字产生浓厚兴趣，父母可以让孩子帮助家里买一些日用品，通过花钱锻炼其数字能力及经济感知能力。

孩子5~7岁时，会把动作和看到的文字配合起来学习，不过只是宏观的。他们对自己熟悉的某些文字比较感兴趣，如自己的名字。

孩子4~7岁，进入绘画和音乐敏感期。孩子通过涂鸦表达自己的感受，听到音乐就开始扭动自己的身体。可以说，孩子天生就有最高级的艺术欣赏能力。

孩子对文化学习的兴趣起于3岁，而到6~9岁就出现想探究事物奥秘的强烈需求。所以这一阶段孩子的心智就像一块肥沃的土地，准备接受大量的文化播种。

## 敏感期是孩子的依恋感发展期

心理学家认为，婴儿的依恋是慢慢发展形成的，通常可以分为三个阶段：0~3个月，在这一时期，婴儿对任何人的反应基本都是一样的，见到人的面孔或听到人的声音就会笑，甚至还会咿呀说话；3~6个月，在这一时期，婴儿对母亲、熟人和陌生人的反应有了区别，对亲人会做出微笑、咿呀和啼哭的反应，对陌生人则很少会做出类似的反应；6个月至3岁，婴儿对母亲的存在表示深切的关注。母亲离开就啼哭，回来就高兴。只要母亲在身边，就安心地玩耍，好像母亲是婴儿安全的保护者。

依恋，是婴儿与其父母间一种特殊、持久的感情联结，属于婴儿早期的重要情绪之一。婴儿和其依恋的人接近，会感到舒适和愉快；遇到陌生的环境或人物时，父母的存在使之感到安全。当然，一旦依恋感建立，孩子就会感到后顾无忧，从而更加自由地探索周围的新鲜事物，愿意与身边的人接近，这对其以后的认知发展和社会适应会产生良好影响。

丹丹出生不久，妈妈就回公司上班了，因为妈妈工作比较忙，丹丹每天和保姆生活在一块儿。妈妈常常早出晚归，而且常常出差，丹丹整天见不着妈妈，就连睡觉也是和保姆在一起。

对丹丹而言，尽管自己住在家里，却像被寄养的孩子一样缺少和父母相处的机会。她反而和保姆关系密切，每次保姆回家探亲，丹丹都不想让她走，好像比妈妈出差还要难过。在丹丹三岁时，保姆有了自己的事情，不能再带丹丹了，妈妈就给丹丹另外找了一个保姆。不过，丹丹却非常排斥新保姆，每天又哭又闹。妈妈很无奈，只好再换保姆，然而每次换的保姆，不论是好是坏，丹丹都难以接受。

丹丹的妈妈意识到了问题的严重性，问题的根本是自己不应该把孩子完全托付给保姆。当丹丹形成对第一个保姆的依恋关系时，又给她换了别的保姆。妈妈又没有多余的时间陪她说话、玩耍，导致她和父母关系变得冷淡，感到孤独，以至于完全封闭自己。

　　美国一位心理学家设计了一种专门研究婴儿依恋的方法，叫作陌生情境法。在这个测验中，研究人员先让母亲抱着孩子进入一间实验室。玩了一会儿之后，一个陌生人进入实验室，先沉默，再和孩子的母亲交谈。之后母亲离开房间，看孩子的表现。过一会儿，母亲再回来，看孩子的表现。

　　通过该测验，心理学家发现孩子的依恋状态是有所区别的。对此，父母可以仔细观察，以便采取正确的方法。

### 1.淡漠型依恋

　　有的孩子属于淡漠型依恋，约占所有孩子的11%。这些孩子单独与母亲在一起时，很少关注母亲的行为，而是专心于周围的环境和玩具；与母亲的身体接触很少，主动与母亲交谈很少，与母亲的分享行为少；对陌生的人和事物，胆子较大，不退缩；母亲离开时，不哭泣，悲伤的情绪很少，依然很专心地沉浸在自己的世界里；即便是母亲回来了，也不会表现得太过积极，也没有明显的喜悦。

### 2.缠人型依恋

　　有的孩子属于缠人型依恋，约占7%。这些孩子单独与母亲在一起，喜欢缠在母亲身边，和母亲的身体接触或接近较为频繁，对玩耍不积极；对陌生的人和事物较为拘谨、退缩，和母亲分离时，表现出反抗、哭泣，十分悲伤；与母亲重聚时，急切地寻求母亲的怀抱，很久才会平静下来；有的孩子甚至会在与母亲重聚时表现出生气、反抗的行为。

### 3.安全型依恋

有的孩子属于安全性依恋，约占73%。这种类型的孩子单独与母亲在一起时，会积极探索周围的环境和玩具，常常与母亲进行远距离互动，与母亲分享喜欢的玩具；若是遭遇紧张的情境，会快速回到母亲身边寻求保护和安慰；在母亲的鼓励下，可以很好地与陌生人交往；与母亲分离时，会哭泣，即便不哭泣，也会表现出不安的情绪来；若母亲回来了，则又会快速缓解悲伤和不安，很快与母亲一起游戏。

### 4.混乱型依恋

有的孩子属于混乱型依恋，约占9%。这样的孩子与母亲有较多的身体接触，与陌生人交往少，有点认生。一部分孩子在与母亲分离和重聚时表现出混乱的、不适宜的行为，如总呆呆地站在那里，长时间不动，或斜眼看着母亲，有的是既亲近母亲又反抗母亲。

心理学家发现，安全型依恋的孩子，平时的表现正常，较少有反常的行为问题。其余三种依恋类型的孩子，则表现出各种心理、行为问题，如攻击性、过失行为、焦虑、胆小等；淡漠型依恋的孩子较容易出现外显的行为问题，如攻击行为；缠人型依恋的孩子容易出现内隐的行为问题，如胆小、退缩等。

### 小贴士

父母如何做才是重视孩子的依恋感，如何做才可以让孩子顺利度过依恋期呢？

### 1.给予孩子拥抱

心理学家认为，孩子的依恋是他们情感萌芽的开端。对于刚出生的孩子，父母应多向他们表达父母的爱，而表达爱最直接的方式就是多抱抱孩子，多抚摩孩子。与成年人一样，孩子也十分需要得到父母的抚摩、拥抱，其实这是一种天性，心理学家称为"接触安慰"。一个充分得到父母爱和抚摩、拥抱的孩子，依恋感的发育更为健康，身心发展会比较健康、稳定，对外界环境较为信任，与父母的关系也更融洽。反之，一个依恋感没有得到满足的孩子会出现情绪不稳定，烦躁、冷漠，对外界环境缺乏信任感的情况，与父母以及他人的关系比较紧张。

### 2.与孩子一起玩耍

与孩子一起玩耍，创造亲子同乐的机会对减少分离焦虑、促进孩子对母亲的安全依恋有很大的帮助。刚开始的时候，父母可以抱着孩子玩玩具，然后让孩子一个人坐着，父母在旁边和他一起玩。父母可以先将游戏方法示范给孩子看，然后渐渐地让他能够自己一个人玩。当孩子可以独自玩的时候，父母可以去做一些家务事，不过一定不要离开孩子视线触及的范围。

### 3.不要把孩子轻易托付给别人照顾

现代社会，由于工作忙、压力大，很多父母在孩子出生后，就把带孩子的任务交给老人或保姆，这样做等于把自己的责任给推出去了。尽管短时间内看不到这种"只生不养"的教养方式对孩子的伤害，但其必定影响孩子的健康成长。所以，不要把孩子轻易交给老人或保姆照看，而要尽量把孩子留在自己身边，最好可以天天见到孩子。假如有实际困难，应由父母自己去克服，而不是让孩子去承担。父母不要整天只想工作，需要认真地对待和孩子相处的每一分钟，多听听孩子的心声。

### 4.形成安全型的依恋

孩子对母亲的依恋从出生开始到两岁半之间都比较强烈，在这段时期，假如没有特殊情况，母亲最好能与自己的孩子建立起稳定的依恋关系，不要常常让孩子生活在被剥夺母爱的环境里。即便母亲需要自己外出，孩子不愿意分离，也不要采取恐吓或打骂的方式，这会导致孩子不良的依恋，削弱亲子关系。那些没有形成安全型依恋的孩子，一旦离开父母，就容易产生强烈的焦虑和不安，这样的孩子很难适应或者很长一段时间才能适应幼儿园的生活。

### 5.避免孩子产生失落情绪

若父母确实是由于工作或特殊原因不能亲自带孩子，也一定要想办法让孩子知道父母每天都在关心着他，尽可能减少孩子情感上的失落。孩子不在身边时，父母要常常和孩子打电话，多沟通情感，定期去看孩子，让孩子可以感受到父母时刻都在关心他。这样孩子的失落感就会大大减少，从而有利于孩子的身心发展。

# 敏感期有利于培养孩子的记忆能力

通常情况下，犹太人对孩子的教育是从3岁开始的，父母为孩子选择交费的学校，也可以选择免费的公立学校。在学校里，孩子从记忆简单的文字开始，一直到可以诵读祈祷文。犹太父母的目的不是让孩子理解文章的意思，而是让他们背诵。在他们看来，假如孩子不能培养出一个好的记忆力，那以后就没办法学习其他事物。可以说，犹太人向来以较强的记忆力而骄傲，不过这并不是因为他们天生聪明，而是因为他们从两三岁开始，父母就会让他们背诵《圣经》，而且每天背诵一部分，然后形成一种习惯。

对于许多中国孩子而言，通常的例子是：放学后被老师留下来背诵课文，因背不出"九九乘法表"而被惩罚。或许父母认为这种方法是死记硬背，对孩子的学习并没有太多的帮助。而孩子也因为背诵恨透了一篇篇冗长的文章，恨透了接二连三的数学公式。然而，犹太人认为，背诵是学习的第一步。孩子小时候背诵过的文章，长大后就可以随口而来，根本不需要大脑的片刻思考。更为关键的是，背诵的主要意义是培养一个好的记忆力。

玛丽很感兴趣："你们是怎么教育孩子的，怎么孩子的记忆力如此惊人呢？"维茨里笑着说："从小就背诵《圣经》，这可以培养他们的记忆力，比如我儿子现在才两岁多，就能背诵一整页的《圣经》内容了。"玛丽有些疑惑："可是，《圣经》的内容好枯涩，他能懂吗？"维茨里回答说："不用他懂，他现在只要会背就行，慢慢地，以后他长大了就有我这样的超强的记忆力了。"玛丽不禁感叹："犹太民族真不愧是世界上最聪明的民族！"

只有让孩子从小背诵，才能更大限度地提高孩子的记忆力。而且，孩子开始背诵的时间越早，记忆力提高得也就越快。因此，犹太父母对孩子进行记忆力的开发通常都是很早的，因为只有这样才能有效地锻炼孩子的记忆力。

其实，学习背诵准确地说是重复朗诵。每天抽出一些时间，让孩子不停地重复诵读一段文字，读十五六遍后，让孩子休息玩耍一会儿，然后再让孩子继续重复诵读，直到孩子熟悉这段文字为止，这样下来就会达到有效的锻炼效果。

自然，孩子不可能理解所背诵文章的深层含义，父母当然明白这个道理，因此他们让孩子背诵的目的不是让孩子明白其中的意义，而是让孩子先背下内容，等到孩子的记忆力得到锻炼之后，再慢慢让孩子理解背诵内容的含义。

## 小贴士

### 1.对内容只背不理解

在让孩子背诵文章时只背诵，不需要理解文章的意义，这样才可以培养出一个好的记忆力。孩子的记忆力在童年时期是一生中最好的，这是毋庸置疑的。即便有了这样的先天条件，若不会挖掘，不去利用就会只停留在理论上。就如一只杯子，我们知道它可以装水却始终没有将水存放进去，那和不知道它能装水没什么两样。让孩子背诵，通过背诵刺激大脑进行记忆，通过反复地背诵，反复地刺激和记忆，大脑的记忆容量就会慢慢扩大。

### 2.背诵的内容不分有趣或没趣

有的父母或许不会认同死记硬背，他们认为孩子所记忆的假如都是自己不感兴趣的内容，那即便记住了也不能进一步理解。记忆容量受到记忆物本身的影响，孩子童年时期的背诵是促使这个记忆容量增大的，若没有记忆容量，那一切都将无从谈起。没有记忆力，人就不可能具有思维能力。

### 3.背诵要注意方法

与狂背不一样，孩子在平时的学习中就把该背诵的知识点记得差不多了，然后就是和背诵内容多见面。例如，能否记住一个单词、一首古诗、一篇文章，取决于和它在不同场合见面的频率，而不是每次看它时间的长短。

## 孩子敏感期，父母教育很重要

孩子敏感期，父母教育很重要。心理学家建议：父母要想教育好孩子，就要在孩子面前说出自己的期望。俗话说："好孩子是夸出来的"，这也是无数父母从亲身实践中总结出来的经验。"爱玩、调皮、叛逆"都是孩子的天性，父母需要循循善诱，切不可与孩子发生正面冲突。如果你还是沿用"棍棒"教育，让孩子屈服于你的威严，只会让孩子更加反感，不仅会影响亲子关系，对孩子的一生也会产生不良的影响。

小豆子刚上小学一年级那会儿，每次放学回家都不认真写作业，面对妈妈的大声斥责，小豆子也一副无所谓的样子，这可把妈妈惹生气了，她忍不住打了孩子。最后，小豆子老老实实地坐在那里写作业了。可是，当妈妈检查作业的时候，发现字迹潦草，还有好几处都出现了不应该出现的错误。看到这样的结果，妈妈又生气了，又开始训斥小豆子……

时间长了，妈妈发现小豆子越来越不听话，总是调皮捣蛋，不认真完成作业，还学会了撒谎。以前孩子可不是这样啊，妈妈为此苦恼极了。

怎样教育好孩子，对每一对父母来说都是很棘手的问题，尤其是面对逐渐变得叛逆的孩子，许多父母真是没辙了。打也打了，骂也骂了，可就是不见效果，孩子总是不听话。随着年龄的增长，有些孩子越来越叛逆，凡事都喜欢和父母唱反调，而且你越是打骂，他就越嚣张。甚至有父母抱怨"我已经管不了他了"，难道问题真的那么严重吗？

其实，父母应该从另外一个角度来看待自己的孩子。多看孩子的闪光点，进行正面引导，这样孩子就会在夸奖和赞扬中逐渐改正那些不良习惯，而且能够树立起自信心、上进心，培养良好的行为习惯。

无论是夸奖还是批评，都应该是适当的。父母不能把孩子捧得太高，这样如果一不小心摔下来，父母和孩子都是承受不起的。好孩子是夸出来的，但父母要拿捏好"夸"的度，这样才能培养孩子良好的行为习惯。

### 小贴士

#### 1.摒弃"棍棒"教育，以赏识教育为主

当今时代，随着社会的进步，人们观念的改变，许多父母都认识到了"棍棒"教育带来的弊端，并逐渐以赏识教育代替。赏识教育作为新兴的一种教育方式，强调要赏识孩子的行为结果，以强化孩子的行为；也就是要赏识孩子的行为过程，以激发孩子的兴趣和动机。赏识教育是一种尊重生命规律的教育，能够逐渐调整父母家庭教育中的"功利心态"，使家庭教育趋向于人性化、人文化的素质教育。所以，父母在家庭教育中，应该摒弃落后的"棍棒"教育，以赏识教育为主，这样才有利于培养孩子良好的行为习惯。

#### 2.多发现孩子身上的闪光点

一个孩子可能会很调皮，也可能学习成绩很差，但父母不要只看到孩子的缺点，忽视孩子的闪光点。每一个孩子都有闪光点，只要父母做个有心人，是一定能在生活的点点滴滴中发现的，如他比较调皮，但计算能力很强；他语言能力不错，还可以自己编故事；他的绘画能力不错，所画的作品还在班上展出过呢。这样一想，你就会发现夸奖孩子其实并不难。

只要孩子有一点点进步，做父母都不要忽视，要给予真诚的表扬。如"你今天一回家就开始写作业了，这个习惯真好，我相信你会天天这样做，是吗"，"今天你跟爷爷说话时用了'您'，语气也比以前更有礼貌了，很不错"。长此以往，你会发现孩子在一次次的夸奖中变得越来越有自信，学习的兴趣也会一天比一天浓厚，行为习惯也会一天比一天好。

### 3.任何时候都要注意与孩子说话的语气

随着年龄的增长，孩子的自我意识会越来越强，他也有自己的自尊心，也有自己的面子。但许多父母还是把他们当作什么都不懂的孩子，对他们说话从来不注意自己的语气。这时期，孩子是比较敏感的，父母稍微有点不耐烦，孩子也能感觉到，他会觉得自尊心受伤；如果父母当着许多人的面数落孩子，这更会让孩子觉得无地自容。所以，在任何时候，父母都要注意自己对孩子说话的语气，以夸奖激励为主，切忌语气太重。另外，在外人面前也千万不要数落孩子，这会让孩子自卑。

### 4.当孩子取得了成绩，应大方给予夸奖

有时候，孩子取得了不错的成绩，父母心里虽然很高兴，但总是习惯给孩子浇一盆冷水，"这次成绩还行，可你同桌比

你考得还好呢"，这样一个转折一下子就把孩子的自信心破坏了。其实对于孩子来说，他们的心理还很简单，只希望得到父母的夸奖，如果父母有一点点不满，他就会觉得没有自信心，进而产生自卑的心理。所以，当孩子取得了成绩，父母千万不要浇冷水，要大方给予夸奖，增强孩子的自信心、上进心。

当然，"好孩子是夸出来的"并不是绝对的正确，教育孩子一味地靠夸奖也是远远不够的。反之，有的父母更是认为"孩子都是自家乖"，这样一味娇宠，对孩子的成长也是极为不利的。

## 注重培养敏感期孩子的好习惯

叶圣陶先生曾经说过："什么是教育？简单一句话，就是养成习惯。好的习惯一旦养成，不但学习效率会提高，而且会使他们终身受益。"父母千万不要小看了"习惯"，一旦养成，改起来就很难，好习惯是这样，坏习惯也是如此。孩子的习惯一旦养成，会直接影响其行为方式。俗话说："三岁看大"，这就强调了习惯的重要性。所以，培养孩子良好的习惯就要从孩子日常生活的细微处着手，往往就是那些被父母忽视的小事。

一位诺贝尔奖的获得者在被记者问及成功经验从何而来

时，他说："我的成功不是在哪所大学、实验室里得来的，而是从幼儿园里学来的。在幼儿园里，我认识了我的国家、民族，学会了怎样与人交流、相处，懂得如何分享快乐，知道了饭前便后要洗手，玩完玩具要收好，对待别人要有礼貌、学会谦让、善于观察等。"由此可见好习惯所带来的巨大受益，小时候养成的良好习惯，对人的一生都有决定性的意义。

不少教育专家指出："好习惯决定孩子的好命运。"习惯的力量是巨大的，一旦一个人养成了某种习惯，就不知不觉地在这个轨道上运行。如果是好习惯，孩子将会终身受益，童年则是培养孩子好习惯的最佳时期。

## 小贴士

### 1.培养孩子良好的习惯

俗话说："习惯成自然。"习惯一旦形成，就具有一定的稳定性，所以不良习惯的改正需要花更多的时间和精力。与其花费大量的时间来纠正孩子不良的习惯，不如一开始就让孩子养成良好的习惯。当然，好习惯不是一朝一夕就能养成的，必须经过长时间的训练才能够逐步养成。所以，父母对孩子的要求要有一定的持续性，不能三天打鱼两天晒网。另外，父母在培养孩子良好的习惯时，需要连贯性，如孩子的爷爷奶奶、外公外婆比较宠爱孩子，助长孩子的不良习惯，父母对孩子要求则比较严格，这时候，就需要统一地坚持一种教育方式。

### 2.帮助孩子纠正不良习惯

尽管父母十分注意孩子的生活习惯和学习习惯，但孩子还是难免会养成一些坏习惯。这时候，就需要父母帮助孩子纠正不良习惯。教育孩子是一门科学，必须讲究方法。父母要以鼓励提醒为主，切忌打骂斥责，应进行正面引导，动之以情，晓之以理，循循善诱，在孩子改掉不良习惯的同时，也要把好的习惯渗透到孩子心里，从而让孩子养成良好的生活习惯和学习习惯。

### 3.父母的表率作用很重要

培养孩子良好的习惯，父母要从自身做起。如果父母本身就有不良习惯，如不爱干净、花钱大手大脚、喜欢说脏话、做事不认真，孩子就会看在眼里、记在心里。时间长了，耳濡目染，就会逐渐把父母身上的不良习惯学习到自己身上。所以，要想孩子养成好习惯，父母就必须做出榜样和表率。那些有着不良习惯的父母也需要努力改正，不断地完善自己，这既是教育孩子的需要，也是自己获得成功人生的需要。

# 第 02 章

## 自我敏感期，确立孩子的独立意识

一旦孩子进入自我敏感期，独立意识就开始萌芽。父母应该尊重孩子的独立意识，让孩子成为孩子自己，而不是父母的影子。当孩子说"我自己来"时，就让孩子自己来；当孩子想要"干什么"的时候，就让他自己干。

# "这是我的东西"

心理学家认为，2 岁起孩子自我意识开始萌发。"我"字当头，想着反抗大人，所以往往与父母对着干，这就是孩子的第一反抗期。这一时期，孩子的自我表现得比较激烈，寻求强烈刺激，以发泄心中的不满。

在这一阶段，孩子开始对父母说"不"，面对周围的事情他们都想大包大揽地干上一番，表现得非常自以为是。这时的孩子身体已经相当协调，能跑能跳，能抓能捏。他们进入独立欲求的第一个反抗期，逆反是这个时期孩子的常见表现，表现为对父母或者老师的要求做出的一些故意反抗的行为。

第一反抗期是孩子成长过程中的一个重要转折点，孩子的这一时期能否顺利度过对孩子今后的发展有很大的影响。在第一反抗期之前，孩子的生活都是由父母精心照料的，孩子的自由度较小。随着孩子独立意识的增强，自然要抵抗父母的约束。孩子出现逆反意味着长大，父母只有及时调整自己，适应孩子的变化，才能做到与孩子一起成长。

孩子到了反抗期，喜欢故意捣乱，不是翻腾鞋柜把所有鞋子都扔出来，就是在墙上到处乱涂乱画。不仅如此，还喜欢抢别人的玩具，尽管手里拿着刚买的玩具，但只要看到别人的玩具是自己没有的，便会一把抢过来，大声说："这是我的。"一旦他做出故意捣乱的行为，父母便会责骂，他反而变得更兴奋。

孩子出现逆反时给人的感觉是火气很大，好像身体里充满了怒气。因此父母对待孩子的逆反期应该以疏导为主，尽可能避免与孩子针尖对麦芒地发生冲突。同时，父母要注意引导孩子，让孩子知道什么是对的、什么是错的，从而使孩子朝着正确的方向发展。

### 小贴士

#### 1.别指望孩子反思自己的行为

孩子发脾气时，有的父母会完全置之不理，想用沉默让他懂得"我错了"，这对2~3岁的孩子而言是极不合适的。也有的父母会提前告诉孩子不能生气，否则就不让他玩玩具或者把玩具送人，这个方法有时是无效的。因为2岁的孩子还不懂得"否则"是什么意思，也不会这样想问题：生气会导致没有玩具玩，不生气就有玩具玩。因此对孩子还需要适当的正面教育。

#### 2.教给孩子一些基本技能

这一阶段的孩子总是做不好一件事，心里着急，就容易发脾气。这时父母可以教孩子怎么做。例如，孩子玩积木总是滑下来，可以教孩子如何保持积木平衡；孩子投球老是投不准，接球又接不住，可以教他投掷，接球时，手的放和收的技能；等等。

### 3.拒绝的同时给予适当安慰

对于孩子提出的要求，能满足的尽可能满足。例如，孩子夏天想吃冰激凌，就让孩子吃一个；但是冬天冷，孩子想吃也不能给他吃。父母认为冬天吃冰激凌是无理要求，不过孩子却认为这两种情况是一样的，没有无理和合理的区分。当孩子提出无理要求时，父母可以用眼神、手势、简单否定等方式让他懂得，这个要求父母不同意。但是，在拒绝孩子这个要求的同时，要给他合理的东西满足他。例如，不能给冰激凌，可以给一块小蛋糕。只是拒绝，没有给予，就达不到教育目的。

### 4.合理发泄情绪

当孩子遇到不愉快的事情，产生了不愉快的情绪，发泄比憋在心里要好。

## "不要，我自己来"

许多孩子在自我敏感期，就会说"不要，我自己来"。其实，这也是孩子的心理断乳期。断乳也叫作断奶，对正在逐步成长的孩子而言，他们还需要另外一段断乳期，那就是心理断乳期。心理断乳期的真正意义在于摆脱对父母的孩子式依恋，走上精神的成熟与独立。所以，在这一阶段，父母应该把对孩子的关注放在帮助他们完成从幼儿到儿童的转变上。

孩子在成长过程中，需要经历两次心理断乳期。第一次心理断乳发生在2~3岁，也就是婴儿期向幼儿期的过渡；第二次心理断乳发生在13~14岁，也就是童年期向少年期的过渡。共同之处在于在此期间孩子具有强烈的反抗意识，他们会变得十分任性、固执，出现逆反心理，给孩子的教育带来很大的困难。当孩子处于心理断乳期时，父母应该冷静对待、正确教育、积极引导，否则会让孩子形成影响其一生的坏脾气。

萌萌2岁了，她经常说的一句话就是"不要"。出门坐电梯要自己按楼层键，如果爸爸妈妈伸手去按，萌萌就会大哭："不要，不要，我自己来。"有一次，因为爷爷先按下了楼层键，萌萌硬是从1楼哭到20楼才作罢。

吃饭时，萌萌也要自己夹菜，但是她常常拿不稳筷子，菜也会掉得满桌子都是。这时妈妈便会说："宝宝，妈妈给你夹菜，好不好？"说完就夹了菜放在萌萌碗里，没想到萌萌马上不高兴了，她用筷子将碗里的菜夹出来，使劲地摔在桌子上。

孩子到了2~3岁就会出现一些明显的特征，如常常表现出探索行为，在探索过程中自尊心快速高涨，孩子非常希望表现自己，所以，这个时期孩子自我意识的明显特征就是自主。这一时期孩子什么都希望"自己做"，对父母的要求和帮助经常说"不要"来拒绝。但事实上，孩子的行为经常受到父母的禁止和限制，这会引起孩子的强烈逆反情绪，经常以反抗和拒绝来表示自己与父母的矛盾冲突。在这个阶段，孩子变得十分固执、任性，大部分父母认为是孩子个性有些奇怪，并没有过多的关注。其实，这并非孩子个性的表现，而是其从婴儿期向幼儿期过渡的行为特征。假如父母不能以正确的态度认识这些行为，以科学的方法引导这些行为，对孩子施以正确的教育，就会导致孩子形成不良的个性特征，影响其健康成长。因此，父母要正确认识这个特定时期孩子的行为，为正确教育孩子找准方向。

### 小贴士

#### 1.正确认识孩子的心理断乳期

父母要认识到这一阶段是孩子身心发展的必然过程，只是每个孩子反应的时间和程度不一样而已。孩子在心理断乳期身心达到了相对成熟的阶段，可以自由地与父母交流，能够做很多事情，有了初步的思维能力，于是产生了常强烈的独立意识，希望自己在家庭中有一席之地，可以与父母平等。孩子羡慕成年人的生活，渴望独立，这使得他们拒绝父母的关心、帮助，但很多时候孩子的行为超出了年龄的允许，是不顾后果的做法，不可能得到父母的认同，于是父母和孩子之间便产生了冲突。

#### 2.父母要做好心理准备

当孩子处于心理断乳期时，父母要保持平和的心态。首先在心理上做好准备，千万别责怪孩子和自己。由于孩子有了强烈的独立意识，渴望从心理上"断乳"，因此他们特别容易产生逆反心理。又由于父母对孩子行为的限制甚至惩罚，使孩子的好奇心、求知欲得不到满足，觉得自己得不到父母的尊重，于是产生与父母的对立情结和对父母的反感心态，不论父母说的是否对，孩子都采取拒绝的态度，并把与父母对抗作为心理安慰，从中获得快感。

### 3.孩子的自立是可贵的

父母需要认识到孩子的自立是十分可贵的，需要保护孩子的自尊心和自信心。可以学一些儿童心理学知识，详细分析孩子行为的原因，以平等的态度和孩子沟通，因势利导，不要限制孩子的行为，要鼓励孩子去做，让孩子感受父母的爱，而不是完全的对立，这样可以避免孩子产生逆反心理。

### 4.纠正孩子的任性

孩子处于心理断乳期时，父母要积极引导，不能让孩子凭着性子做事，对孩子出现的错误要及时纠正。很多时候孩子不容易接受父母的建议，一旦自己不合理的要求被父母拒绝，孩子就会使出浑身力气去反抗。这时父母不要觉得孩子大了脾气自然就会变好，必须对孩子的错误及时制止，对孩子完全迁就、溺爱，会让孩子形成不良的个性。

### 5.教育需要讲究策略和艺术

孩子在对抗父母的过程中往往是紧张的，父母可以偶尔对孩子做一些非原则性的让步，让孩子感受到自己的价值。面对亲子间的矛盾，父母可以采用"不理睬"和"冷处理"的方法，如对孩子哭、闹、任性等不理会，等孩子冷静下来再进行教育和引导。或者根据孩子的心理特点，适时用一些针对性的教育方法，因材施教，培养孩子良好的个性品质。

### 6.充分理解孩子

父母对孩子的理解不能局限于表面，必须学习一些心理学的知识，了解孩子的心理断乳期。在孩子这一成长阶段，父母需要与孩子建立一种亲密的、平等的朋友关系，相信孩子独立处理事情的能力。因为在这个时期，孩子十分渴望父母的理解。

### 7.尊重孩子的个性

父母要多尊重孩子的个性，尽量支持他们。特别是当孩子遭受挫折、失败的时候，帮助孩子分析事情和自己的心理，共同找出一个可以让孩子接受的解决方法。对孩子不合理的行为，父母要加以制止，不过要采取孩子能接受的方法，避免伤害孩子的自尊心，导致他们封闭自己的心，不再和父母沟通交流。

### 8.给予孩子成长空间

孩子是一个独立的生命体，不可以被安排。孩子的成长、成熟，似乎让父母失去了拥有孩子的感觉，这对于父母来说是一个艰难的过程。但请父母给予孩子成长的空间和机会，孩子需要经历一些过程，才能够成长和强大，从而变得更坚强、更勇敢。

# 在自我认识阶段，帮助孩子形成健康的自我

孩子在开始认识自己的时期，有两种矛盾心理：有心自己做事，又担心失败。当孩子失败时，如果父母说："你看，你不按妈妈教的做，搞砸了吧。"结果，孩子就会慢慢失去信心，容易变成依赖父母的消极孩子。

父母总是感叹：孩子缺乏积极性。这时父母可以反省一下，是否是自己扼杀了孩子想要自立的种子呢？尽管孩子开始认识自我，但是还缺乏自信，有时还会故意和父母作对，违背父母意志。这个时期父母在培养孩子的过程中态度如何，对孩子的人格形成将起到很大作用。

在这个时期，父母要帮助孩子形成健康的自我。所谓"自我"，指的是人们依据周围环境发展而形成的有关自己的情感和态度。而"健康的自我"指的是人们按照周围环境的发展而形成的有关自己的正确认识及积极的情感和态度。假如孩子形成了健康的自我，他们就会意识到自己在这个世界上是有价值、有力量、有能力、有位置的。这将帮助孩子树立起自尊心、自信心，获得客观的自我知觉、积极的自我意向与公正的自我评价，为他们人格的和谐发展奠定坚实的基础。反之，就会使他们产生自卑感，丧失基本的自尊与自信，并导致自我知觉失真、自我意向消极、自我评价不公，从而使人格的发展陷入混乱状态。

　　乐乐在上幼儿园，中午妈妈去接她时，发现她总是有意无意躲着妈妈，双手背在身后，有些不知所措。妈妈关心地问："宝贝，怎么了？今天上课开心吗？"乐乐点点头，但神色还是不自然。

　　妈妈伸手拉着乐乐，她很不自然地扭来扭去，妈妈一瞥眼看见乐乐的裤子就知道这孩子尿裤子了，问道："你是不是尿裤子了？"乐乐急红了眼，连连摇头："没有，没有。"妈妈知道乐乐是害羞了，再说下去孩子该哭了。

　　妈妈发现，乐乐开始变得害羞了。以前家里来客人，她总是大大方方地唱歌跳舞。现在如果让她当众表演节目，她就会难为情，不再落落大方。妈妈就疑惑，这孩子怎么越长大越不懂事呢？

　　孩子对自我的认识过程，包括对以下三个问题的回答。第一个问题是："我是谁？"孩子要回答这个问题，首先需要有意识地了解自己——了解自己的身体、优缺点、兴趣、爱好，了解自己生活圈子里的父母、教师、同伴等。第二个问题是："我是什么样的孩子？"孩子了解自己后，慢慢明白"原来我是这样的"。然而他们能否正确地认识自己并在此基础上接受自己，却在很大程度上受成人和同伴的影响。第三个问题是："我往何处去？"孩子了解并接受了自我，对自己今后的目标和计划也有了模糊与朦胧的意识，并对自己将来要做什么、想有什么样的成就等问题开始感兴趣。

在孩子的自我发展中，由于受自身心理发展水平的限制，尤其是认识发展水平的限制，孩子自我认识发展的总体水平还是比较低的，他们还不能对自己进行独立、客观的评价，而往往按照父母的评价来评价自己。

特别是孩子形成自我的第二个阶段，在这个阶段，父母的鼓励和支持是能够促进他们对自己积极的情感与态度的，如果孩子能够接受自己，对自己形成积极的情感与态度，那他们就更有可能形成健康的自我。

### 小贴士

#### 1.引导孩子建立良好的人际关系

孩子健康的自我是通过人与人之间的互动形成的，父母应帮助他们以满腔的热诚、同情与仁爱之心走向社会，建立良好的人际关系。父母在与孩子相处时，要熟练地掌握和运用爱的策略，善于向孩子表露自己的喜怒哀乐。成人的情感世界通常比较内隐、含蓄，孩子的情感表达则直接和外露，这就要求父母将自己的情绪体验充分地表露在孩子面前，以达到交流的目的。父母要善于真诚地向孩子袒露心迹，表达自己的一些内心感受，使孩子看到一个真实的父母形象，从而进一步强化彼此的情感联系。

#### 2.创造平等和谐的家庭环境

在平等和谐的家庭环境中，孩子能够自由表达自己的兴趣和爱好，表现出自己与别人的不同之处。在这样开放的环境里，人际关系亲密、安定、平等，大家彼此尊重和关心他人的自我，而不是以自己的标准去强求别人。父母在与孩子交往时，要把自己与孩子摆在一个平等的位置上。

### 3.鼓励孩子，让孩子充满自信

父母要常常鼓励孩子做自己力所能及的事情，并在孩子缺乏自信时给予开导、支持和鼓励。更重要的是，父母不要以自己的需要和要求代替孩子的需要和要求。为了增强孩子的自信心，父母应该采取"不加判断"的态度。当孩子有某种经验、反应、感受时，父母必须把它看作一种现实存在或真实表现加以接受，并鼓励他们坚持自己的观点。父母只有真正接受孩子的表现，孩子才有可能接受自己，并认为自己是有价值的人，是值得被注意和接受的。在此基础上，孩子才能形成乐观的、积极的自我态度和信念。

### 4.为孩子保守秘密

父母一旦承诺为孩子保守秘密，就要严格遵守。假如不慎说了出去，一定要及时向孩子道歉，以得到孩子的谅解。

### 5.培养孩子对父母的信任感

孩子的隐私具有相对性，对不信任的人是隐私，对信任的人就不是隐私了。对此，父母需要尽可能通过关怀、尊重等方式赢得孩子的信任。

# 不满足愿望就哭闹不止

在生活中，我们经常看到一些孩子为了达到某种目的特别任性，有时甚至会哭闹不止，把父母搞得精疲力尽还不罢休。面对这样的情况，有的父母选择退让，或者听之任之；有的父母则把这种任性完全归咎于独生子女太娇惯。

美国儿童心理学家威廉·科克的研究表明，孩子任性是一种心理需求的表现。孩子随生理发育，开始慢慢接触更多的事物。他们对这些事物的正确与否，不可能像父母那样可以综合地分析，甚至做出判断。孩子只是凭着自己的情绪和兴趣来参与，尽管这些事物往往是对他不利的，甚至是有害的。这时父母会以成年人的思维去考虑孩子参与的结果，却完全忽略了他参与的情绪和兴趣。

楠楠的任性使父母万分头痛，如他从幼儿园回来，一刻不停地在屋里又蹦又跳，一会儿蹿到沙发上，一会儿又爬到床上，房间被弄得凌乱不堪，他自己也浑身大汗，满脸通红。在看电视时，楠楠总爱把音量放得很大，家里人简直没办法说话、学习和休息，谁要是说他两句，他就大吵大闹，也不管地上是水还是泥，躺在地上又哭又叫。如果来了客人，孩子则像发了"人来疯"一样，喜欢拿着东西乱扔，一会儿投个布娃娃，一会儿又抛个小枕头，甚至可以把一只拖鞋踢进香喷喷的鸡汤里。

处于独立意识萌芽期的孩子，一切事情都想亲力亲为，都想弄个透彻。这本来是一件好事，不过，这种"亲力亲为"的心理，往往会在不适宜的情境中表现出来。父母对于这样的情况，不可全权包办，但也不要断然拒绝。否则，孩子的任性心理将会更加严重。孩子的任性，其实是一种与父母对抗的逆反心理，其根源在于父母没有重视他们的心理需求。

### ♥ 小贴士

#### 1.鼓励孩子多与小伙伴玩

群体生活的一个重要原则就是少数服从多数，假如个人的意愿与多数人不一致，那就会被否定。父母可以多让孩子与小伙伴玩耍，因为在同龄人中间，假如孩子总是任性，他就会被群体孤立。这样一来，即便是在家中，比较任性的孩子处于群体之中时，也不会随便把自己的小性子表现出来，他觉得自己任性只会遭人讨厌。这样时间长了，孩子身上任性的毛病就会慢慢减轻。

#### 2.转移孩子的注意力

当孩子任性的时候，父母可以利用孩子容易被其他新鲜事物所吸引的心理特点，把孩子的注意力从他坚持要做的事情上转移开，从而改变孩子的任性行为。假如孩子在一个地方玩得很上瘾，不管父母怎么说他都不愿意离开，父母不妨说："走，我带你去坐汽车。"孩子就会愉快地答应。

### 3.培养孩子良好的行为习惯

培养孩子良好的行为习惯，可以从根本上解决孩子任性的问题。父母可以让孩子从小养成良好的行为习惯，处处按照要求做，孩子就可以自觉地和父母保持一致了。一旦孩子养成了良好的生活习惯，做什么都有规矩，就不会随便提出一些过分要求。

### 4.情感上理解，行为上约束

父母要在情感上表示理解，但在行为上要坚持对孩子的约束。如在吃饭的时候，孩子忽然想起桌上没有自己喜欢吃的菜，就生气地拒绝吃饭。即便冰箱里有原材料，父母也不要迁就孩子给他做，应明确表示饭菜已经准备好了，就不应该随便换。假如孩子继续哭闹，就让他饿一顿，等他觉得饥饿时，自然会寻找东西吃。

### 5.坚持原则

孩子任性往往是抓住了父母的弱点，如父母越怕孩子哭，孩子就越是哭个没完；父母越怕孩子满地打滚，孩子就偏在地上滚个没完。所以，对孩子提出的不合理要求，不论他怎么哭、怎么闹，父母都要坚持原则，不能妥协。

### 6.适时表扬

有的父母认为孩子就是这样任性，估计是改不了的。实际上并非如此。孩子毕竟小，只要父母善于引导，完全可以改变他任性的毛病。父母在引导时要多利用积极因素，用积极因素克服消极因素。每当孩子任性时，父母就表扬他的优点，孩子听到表扬之后情绪自然就缓过来了。

# 第 03 章

## 口手敏感期，引导孩子探知世界

　　进入口手敏感期，孩子不仅仅用口来吃东西，而且可以用口捕捉所有认识的事物；不仅仅用手来拿东西，而且用手来探索新奇的世界。在这一敏感时期，父母应该积极引导孩子探知世界。

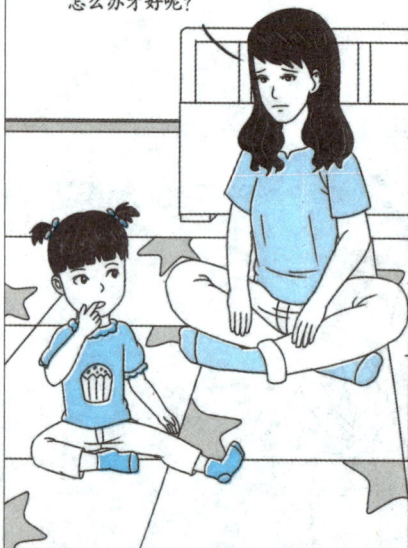

## 口欲期，孩子喜欢吃手

不少父母发现，1岁内的孩子总是喜欢吃手，总担心孩子吮吸到手上的细菌。实际上，孩子1岁内吃手，是口欲期的正常表现，假如父母过分阻止，就会造成口欲期的延迟，从而不利于孩子的健康发育。

孩子喜欢吃手，源于他正处于口腔敏感期。孩子出生后第一年称为口欲期，是人格发展的第一个基础阶段。在这一阶段，孩子强烈需要一种安全感，产生强烈的吸吮要求，特别是在即将睡觉时更加明显。刚出生的孩子喜欢吃手是很正常的，一方面可以带来舒服感，降低焦虑；另一方面，孩子本来就有吸吮的反射和需求，而吃手带来的满足感和吃母乳的感觉是不一样的，所以即便是吃饱了，孩子也会习惯吃手。

妍妍今年3岁了，从她1岁开始就有吸吮大拇指的习惯。刚开始，妈妈准备纠正这个习惯，但妍妍每次吸吮着大拇指就能很好地入睡，也不吵闹，妈妈觉得这省了哄孩子睡觉等很多事情，所以就作罢。

没想到妍妍到了两三岁，依然有吸吮大拇指睡觉的习惯，妈妈才意识到这是个问题，每次她让妍妍把手放下，妍妍都不干，再说就哭闹，很久都睡不着。即便在妍妍睡了之后，把她的手放下来，但等一会儿她又自己吸吮上了。妈妈为此感到苦恼，这个习惯怎么样才能彻底戒掉呢？

孩子1岁以内吃手是正常的，但是两三岁还在吃手，父母就需要注意了，应该想办法让孩子改掉这个习惯。因为对于1岁以内的孩子来说，吃手是生长发育中的一个必然阶段，吃手是了解世界、感知世界的最好途径。孩子到了五六个月时，在父母的引导下学会用手，看见什么都喜欢抓了送到嘴里，父母又开始纠结，那些东西不卫生等。

其实，这一阶段，孩子的口手协调能力得到进一步的发展，父母需要注意的是选择容易清洗的玩具，保持卫生就好。假如孩子在口欲期得不到满足，其将来的心理发育会出现偏离，可能导致孩子产生不良嗜好。通常情况下，孩子在8个月时吃手的频率达到高峰期，随着孩子能力的发展，吃手的行为会逐渐开始减少，在2岁后慢慢消退。

孩子在1岁之内吃手有很多好处：婴幼儿通过口腔来探知世界，假如父母阻止孩子吃手，孩子的心理发育会受到很大的影响，长大后容易自卑、多疑和胆小；对孩子来说，吃手可以消除不安、烦躁、紧张的情绪，他们能从吃手中获得某种快感，即便妈妈不在身边，也能通过吃手获得安慰；孩子吃手可以加强触觉、嗅觉和味觉刺激，促进神经功能发展，这是孩子能力发展的一种信号；吸吮是每个孩子成长过程中的正常现象，可以锻炼孩子手部的灵活性和手眼的协调性。

孩子在1岁内吃手，父母可以这样做：

### 1.营造良好的环境

父母一旦发现孩子开始吃手，就需要多关注孩子身边的物品，如玩具应该定期消毒，保持良好的卫生习惯，努力营造良好的、利于孩子成长及游戏的环境。

### 2.让孩子感受吸吮的快乐

孩子出生后，妈妈要尽量用母乳喂养，让他充分感受吸吮的快乐。即便想要断奶，也需要及时增加辅食和配方奶粉，慢慢过渡，让孩子有一个适应过程。不要突然断奶，这样会让孩子感到焦虑和没有安全感。

### 3.用其他吃的东西代替

如果孩子养成了吃手的习惯，一时之间改变不了，那父母可以在孩子想要吃手时拿糖果和饼干给他，让孩子慢慢戒掉吃手的习惯。

### 4.让孩子做其他事情

当孩子有了吃手的习惯，父母可以让他做其他事情来转移注意力，如带孩子玩耍，这些都是让孩子戒掉吃手的好方法。多给孩子一些关爱和照顾，孩子很快就会戒掉吃手的习惯。

### 5.多给孩子一些抓握玩具

在孩子口欲期，父母要有意识地给他选择一些有吸引力且便于抓握的玩具。最开始用这些玩具触碰孩子的手，让孩子感受不同质地。

### 6.多花时间陪伴孩子

孩子幼小时，父母要多花时间陪伴他们，仔细辨别孩子的各种要求，满足他的各种需要。有条件的父母可以多给孩子抚触按摩，睡前给孩子讲有趣的故事，或者读儿歌，让孩子愉快地入睡，让孩子感到幸福、满足。

### 小贴士

一般来说，孩子到了2岁以后，吃手的习惯会慢慢消失。不过，如果孩子4岁了还在吃手，那就可能存在身体或心理上的问题，如缺锌、铁等微量元素，或者心理问题未得到解决。这一阶段孩子吃手可能会引起下颌发育不良、牙齿排列异常、上下牙对合不齐等问题，父母要及时纠正。

这时，父母应该怎么做呢？

#### 1.转移孩子的注意力

当孩子忍不住吃手时，父母应该坚定地对孩子说："不行。"同时多让孩子接触大自然，转移孩子的注意力。当孩子慢慢减少吃手习惯时，父母要及时鼓励和表扬。可以告诉孩子，假如改掉吃手的习惯，就会获得奖励。

#### 2.养成良好的卫生习惯

父母应引导孩子养成良好的卫生习惯，避免让孩子以吸吮手来寻找乐趣。同时告诉孩子，吃手是不卫生的，会引起手肿胀、疼痛，而且容易把细菌带入口腔，引起一些传染类的疾病。

### 3.满足孩子的心理需求

有时孩子喜欢吃手是因为需求没有得到满足，父母除了满足他的生理需要，还应该满足他的心理需求，如多带孩子出去玩，让孩子生活充实，这会让他逐渐忘记吃手的习惯，保持积极的生活情绪。

### 4.弄清楚孩子为什么喜欢吃手

如果孩子养成了吃手的不良习惯，父母需要搞清楚他为什么喜欢吃手。若是由于喂养方式不当，那就改变错误的喂养方式，培养孩子规律的进食习惯，做到定时定量。

### 5.保持耐心

让孩子改掉吃手的习惯，需要父母付出很大的耐心，不要嘲笑，也不要打骂或训斥孩子。因为这样做是毫无作用的，反而会让孩子感到痛苦、压抑、情绪紧张，甚至会产生自卑等。

# 孩子一言不合就咬人

国内的一项研究显示，有半数孩子在幼儿园会出现不同程度的咬人行为。许多父母表示，孩子在1岁多时忽然喜欢咬人，总是把别的小朋友咬哭，这该怎么办呢？孩子一言不合就咬人，尽管并不是什么大毛病，但父母却感到非常无奈。想要改掉孩子咬人的习惯并不困难，但父母需要了解孩子为什么喜欢咬人。

茜茜到了上幼儿园的年龄了，妈妈却有些担忧，因为茜茜最近开始喜欢咬人，如果在幼儿园咬其他小朋友，该怎么办呢？

怀着忐忑不安的心情，妈妈把茜茜送到了幼儿园。没几天，果然接到了老师的电话，说茜茜在幼儿园把其他小朋友咬了。听到消息的妈妈惊慌得不知道该怎么办，急忙跟公司请假，去学校当面给孩子的父母道歉，也让孩子道歉，那个被咬的孩子看到茜茜都感觉很害怕。

妈妈感到很愧疚，自己的孩子给别人的孩子带来了负面情绪。回家之后，妈妈问茜茜为什么咬人，教育她再也不能这样子了，茜茜点头答应，但妈妈有点害怕送茜茜去幼儿园了。

孩子为什么会咬人呢？可能只是炫耀，原来自己会咬人。孩子在成长过程中，对身边的一切都充满了好奇心。一旦学会了其中一项本领，便会炫耀给身边的人看，包括咬人。

他们可能只是纯粹觉得好玩，第一次咬了父母之后，看到父母嗷嗷大叫，孩子会感觉好玩，他们以为这是一种好玩的游戏；也可能是通过咬人宣泄情绪，孩子一旦遇到着急的事情，就会用咬人、拍打等方式宣泄内心的愤怒；还可能是为了引起父母的注意，当孩子的情绪得不到回应时，就会以咬人、打人等行为，引起父母的注意。

## ❤ 小贴士

### 1.允许孩子发脾气

每个人都有脾气，孩子也不例外，只是表达的方式不一样而已。孩子突然喜欢咬人，肯定是有原因的。年幼的孩子比较敏感，很容易就觉得别人冒犯了自己，如玩耍中不高兴、抢玩具、需求得不到满足、肢体冲突等都会导致他们咬人或打人。如果是这种情况，父母平时就要允许孩子发脾气，情绪得到正常宣泄之后，他自然会改掉咬人或打人的习惯。

### 2.及时制止和教育

一旦发现孩子有咬人的习惯，父母要及时制止和教育，孩子的行为得到改善，父母就不必太过担心。但假如孩子变得容易发脾气，常常攻击他人，父母就要及时制止和教育，避免将偶尔的现象变成日常的习惯。

### 3.告诉孩子咬人行为对他人造成的伤害

孩子一旦咬到父母或其他孩子，父母首先要用适合孩子年龄的语言，告诉他这个行为对别人造成的伤害、痛苦以及后果，等到孩子情绪稳定后教他当面道歉或跟小朋友拥抱和好，并告诫孩子再也不能这样了。

## 孩子喜欢撕毁东西

3~5岁的孩子开始接触外界的一切，对于遇到的东西，他都会用手摸一摸、尝一尝、闻一闻，偶尔也会把东西摔坏，来看看它会有什么样的反应。假如孩子正处于这样一个阶段，那你可以把家里贵重的东西放到安全的地方，给孩子一些安全的家用物品，或是买些耐摔的玩具。父母可以慢慢引导孩子什么东西可以碰、什么东西不可以碰。

实际上，对于喜欢搞破坏的孩子而言，他们的心理是复杂的。有很多种类型，父母需要耐心、有心地去发现，而不能"一棍子打死"，更不能轻易地以打骂来应对孩子的破坏。

多多4岁多了，最近总是喜欢将别人的东西毁坏。前一天将爸爸放在桌子上的书稿全部涂鸦了。昨天又将他小哥哥的作业给撕了，搞得小哥哥大哭，他却表现出一副无辜的样子。

今天妈妈回到家看见小机器人的零件散落在客厅里，桌上的电话机被拔掉了线，台灯罩也掉在了地上……不用说，这又是多多干的好事。尽管他才4岁，但是已经越来越让妈妈不知道如何是好了。平时孩子可一点也不笨，他说话早，走路早，动手也早，不过他的动手能力也太强了，只要是被他玩过的东西就难逃被"肢解"的厄运。这该怎么办呢？

孩子的这种情形就是心理学家所说的儿童破坏行为，父母大可不必过分紧张。心理学家认为，把自己感兴趣的东西拆开，是孩子学习探索的一种表现。他们不是故意去破坏一个东西，而是因为对这个东西感兴趣，想看看里面到底有什么。例如，有的孩子喜欢把玩具车拆开，去看看车子为什么会动，里面到底有什么东西。这时孩子沉浸在自己喜欢的事物里面，并努力通过自己的双手寻找答案。

有的孩子会以摔东西来表示"我生气了"，他们在发脾气时希望得到关爱，因为他们需要确认"我还是爸爸妈妈的宝贝"。孩子对现实中的事情都有自己的底线，若是让他承受过多的拒绝，对他而言是极其困难的。于是，发脾气、摔东西就成为他们表达失望的方式，在这样的情况下，父母需要保持冷静。

而有的孩子摔了东西，不过是好心办坏了事。孩子的出发点是好的，只是由于经验不足或能力有限，结果事与愿违。如有的孩子见金鱼缸结了薄冰，怕金鱼冻死，就把金鱼捞起来包在手帕里，结果金鱼反而死了。若是这样的情况，父母要肯定孩子的初衷是好的，接着告诉孩子失败的原因，自己不懂的事情要先请教父母，自己力不能及的事长大了再去做。

### 小贴士

#### 1.保持宽容的心态

父母首先要对孩子有宽容的心态，因为破坏的过程就是孩子学习的过程。不要严厉批评孩子，也千万不要说"不许再把玩具拆了，不然明天不给你买新玩具了"等警告和威胁的话，有时候父母的批评和威胁很可能会扼杀孩子可贵的探索精神。

#### 2.参与到"破坏"活动中来

父母应尽量地鼓励且参与到孩子的"破坏"过程中，这是一个手、眼都在活动的过程，可以促进他们思维的发展。鼓励孩子适当地进行"破坏"，就是激发孩子的创造力，以及对更多事物的探索兴趣。当父母看到孩子把玩具拆了，应蹲下来参与到孩子的活动中，"这里面是什么呢？" "怎么会动呢？" ……引导、帮助孩子寻找结果，然后再跟孩子一起把拆开的玩具恢复原样。

### 3.引导孩子思考

在日常生活中，父母要多提一些问题让孩子去猜、去想。如闹钟为什么会响呢？为什么会嘀嘀嗒嗒的呢？假如把闹钟的针取掉了，那它还会走吗？还会响吗？父母需要做的就是在问题提出后，主动带领孩子从"破坏"中寻找答案。

### 4.让孩子当修理工

假如孩子好奇地想知道各种现象发生的原因，总想搞清楚不停转动的闹钟里面装了什么，电视里是否真的有个会说话的小孩子。那当爸爸在修理家中这些东西的时候，不妨让孩子观摩，必要时也可参与到其中。爸爸可以当着孩子的面拆卸家中废弃的东西，没有危险性的动手部分则让孩子来操作。

### 5.让孩子自己收拾残局

假如孩子是无心的过失，那父母可以在他力所能及的范围内让他对自己的行为负责。例如杯子打翻了，就让孩子用抹布去擦干桌子；玻璃瓶打破了，就让他帮忙拿来扫帚和簸箕。不要过分责备，毕竟孩子不是故意的。

### 6.与孩子多交流

孩子通常会有无穷的精力，其善于"破坏"的背后很可能隐藏着一颗渴望探索的心。父母应该为其提供一个良好的活动空间，尤其是那些独生子女，让孩子多和邻居的同伴玩耍，休息时多参加集体活动。父母要经常与孩子沟通，了解孩子最近有什么烦恼，或有什么需要。

## 孩子喜欢打人

当孩子开始有了自我意识，知道了自己小拳头的厉害，于是就开始打人这种攻击性行为。其实，人生来就具有一种内在的攻击倾向，如孩子生气、情绪发作时会扔玩具；想吃东西了，妈妈如果动作稍慢，孩子就会一把推开妈妈的手。

孩子的攻击行为是常见现象，在成长的特定发展阶段，有打人行为是可以理解的。只要父母恰当应对，打人行为就会消失。而且随着生理、心理的发展，如果父母正确引导，孩子的攻击倾向能够转化为忍耐、坚毅等积极的品质。不过，有些孩子的打人行为，会影响他们的正常社交，甚至导致他们无法继续上学，这就是问题了。

瑞瑞5岁了，上幼儿园中班，妈妈发现她最近脾气很大，只要不高兴或者自己的要求没有被满足，就动手打人。老师常常跟妈妈反映，瑞瑞在幼儿园的行为比较随意，大家正上着活动课，结果她就任性地去推一下前面的小朋友。到了下课，便会跟小朋友抢玩具，只要是她喜欢的玩具，就一定要抢过来。如果对方力气比较大，她就趁对方不注意的时候打人或咬人。

放学回家后，妈妈若问起来："你为什么要打别的小朋友呢？"她总会满脸不在乎地回答说："我就是要打他。"妈妈听了哭笑不得。平时孩子跟大人一起时也喜欢动手打人，妈妈当场批评了她，她也听得懂，也承认错误。不过，过不了多久就忘记了。

看见孩子喜欢打人，妈妈感到十分苦恼。

孩子喜欢打人，实际上是用这种攻击性行为来表达自己的愿望或感情，有些父母认为孩子小不懂事，长大了自然会改正。其实这样的看法是有问题，需要正确对待孩子的攻击性行为，正确引导，才能让孩子自然改掉这个坏习惯。

孩子为什么喜欢打人？

### 1.是一种模仿行为

孩子的一些行为来自对身边环境的模仿和学习，如父母经常打孩子，电视里的各种暴力行为，这些都会成为孩子学习或模仿的对象。

### 2.达到某个目的

孩子可能会通过攻击行为达到某个目的，如抢到玩具，发泄情绪。孩子知道通过攻击会达到自己的目的，所以通过打人让其他孩子听从自己，赢得更多小朋友的跟从。如果孩子常常使用攻击行为，时间长了就会形成坏习惯。

### 3.情绪发泄

孩子喜欢打人有可能是想发泄挫折情绪，当孩子做某件事情遭遇失败的时候，他很生气但无处发泄，便会通过打人、抢东西来缓解自己的心情。

### 4.吸引他人的注意力

孩子的攻击行为也是吸引他人注意力的一种方式，有的孩子之所以喜欢打人，是因为他在平时生活中不会得到老师、同学，甚至父母的关心和注意。但是他渴望这种受关注的感觉，所以通过打人来吸引他人的注意力。

### 5.争强好斗的性格

有的孩子喜欢打人，可能是性格中有争强好斗的一面，当然这是比较少见的情况。大部分孩子喜欢打人其实跟其年龄以及认知水平有很大的关系。对攻击性强的孩子，父母需要特别注意，因为只有正确引导这种性格，才能让孩子逐渐改掉喜欢打人的坏习惯。

### 🧑 小贴士

### 1.了解孩子打人的原因

父母应该了解孩子在什么样的情况下打人，以及为什么会产生攻击行为，然后改正其攻击性。例如孩子喜欢抢其他小朋友的玩具，那父母就应该要求孩子把玩具归还给小朋友，并告诉孩子打人是错误的，以此降低孩子攻击行为的内在动机。

### 2.冷静地对待孩子的打人行为

当孩子出现打人行为时，父母需要冷静。假如孩子一打人，父母就表现得紧张，对孩子的什么要求都答应，那孩子就会认为打人是有用的，这样只会助长孩子的打人行为。而有的父母表现得太过激动，也会给孩子留下深刻的印记。

### 3.温和而坚定地引导孩子

当孩子打人的时候，父母应该有正确的态度，温和而坚定地引导孩子：打人是不对的，是不允许的。温和地告诉孩子这些道理，反复具体地讲，孩子就会知道打人是不对的，就会慢慢控制想要打人的冲动。

### 4.引导孩子养成良好的行为方式

父母可以以身作则，与长辈、邻居、朋友保持友好的关系，告诉孩子人生来应该属于群体，而群体需要协作而不是敌意。例如，要想让其他小朋友喜欢自己，就应该友好、团结，这样才能赢得小朋友的青睐。

### 5.别让孩子从攻击行为中获得好处

其实，孩子并不是故意通过打人来抢东西，只是一种本能的自卫或是生理特征。一旦孩子从攻击行为中获得利益，如得到自己想要的玩具，那他就可能把打人和获得玩具联系起来，也就越来越喜欢用攻击行为来与其他小朋友交流。

### 6.提高孩子的自信

父母应该让孩子知道一件事，除了打人，还有其他的表达方式，或者好好说话，或者用良好的行为，都可以解决。一旦孩子懂得这些道理，自然就不会再选择用攻击行为去交流。在这个过程中，让孩子慢慢成长。一旦发现孩子细微的进步，就应及时表扬，让孩子感受到爱，从而强大内心。

# 第 04 章

## 语言敏感期，注重孩子的表达能力

当孩子开始注意大人说话的嘴形，牙牙学语时，就开始进入语言敏感期。由于孩子具有自然赋予的语言敏感力，所以在这一阶段孩子会出现一些自言自语、喜欢说大话等成长特点，父母要多引导，培养孩子的语言表达能力。

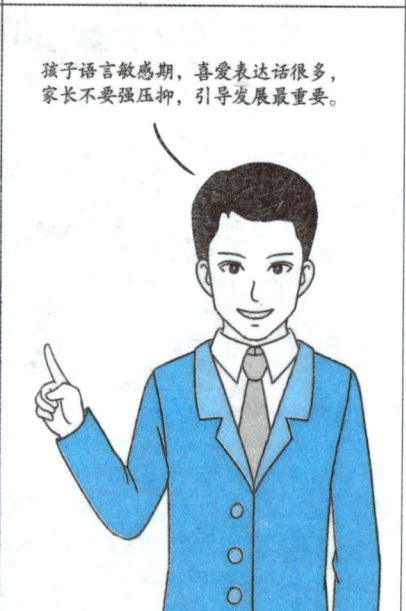

# 孩子喜欢自言自语

这一阶段的孩子喜欢自言自语，他们好像总是心事重重，偶尔还喜欢流眼泪，甚至在很多时候并不当着父母的面。在平时生活中，这样的孩子往往感情细腻、复杂，经常想得很多，顾虑也很多。由于孩子都是家里的宝贝，父母或多或少对孩子有迁就，特别是老人，为孩子包办得过多，所以造就了孩子强烈的自我意识和依赖思想，似乎受不了一点委屈，凡事总为自己考虑，稍微有一点不如意就开始哭，开始发脾气。

圆圆马上就7岁了，他胆子一向很小，在学校几乎不敢和老师讲话，更不用说上课主动举手发言了。在商店，也不敢和商店的阿姨要礼物，尽管看到其他小朋友兴高采烈地炫耀他们的礼物，他也害怕上前。

前天，家里养的鱼儿死了，他大哭了一场，然后一个人在那里自言自语地唠叨："我们养的鱼儿死了，养的小鸟飞走了，养的花枯萎了，养的小鸡跑了，养的小孩子顽皮极了。"妈妈实在想不通，为什么这么小的孩子会有如此多的悲观情绪。前两天鱼儿生病了，圆圆还说："我代替鱼儿生病好了，假如鱼儿死了我也不活了。"妈妈很担心他这种心态，那么，对这样的孩子，该怎样引导呢？

当然，孩子的性格和家庭的教育环境有很大的关系。假如父母多愁善感，孩子肯定一样；假如父母开朗大方，孩子也会很阳光，所以父母要尽可能不在孩子面前吵架，为孩子营造一个良好的家庭环境。

此外，父母遇到事情需要往好的方面想，乐观一点。否则孩子也会耳濡目染。最后建议父亲多陪孩子。毕竟，和父亲在一起，孩子会更加坚强、更加勇敢，尽管母亲也会影响孩子，不过也不如父亲的榜样作用，所以父亲应该多陪陪孩子。

## 小贴士

### 1.转移注意力

对于家中发生的一些事情，如小鸡死了、养的花枯萎了、养的小松鼠跑了等，很有可能父母在孩子面前表示出惋惜、难过，孩子也会受到影响。孩子有了这种情绪是痛苦的，不过，仅仅凭语言解释和安慰是不够的。比较好的办法就是转移注意力，如带孩子去逛逛超市，买点零食回家吃；到书店逛逛，买几本书回家看看；到玩具店买几样玩具回家玩玩，从而缓解痛苦的情绪。过段时间，孩子的情绪就会好转了。

### 2.营造轻松、欢乐的家庭环境和氛围

平时，父母要注意营造轻松、欢乐的家庭环境和氛围，孩子从小就要有一个良好的生活环境。例如父母经常说说笑话，说些有趣的事情，而对于一些悲伤的事情，父母最好不要在多

愁善感的孩子面前表现得过于惋惜、难过，避免孩子受到影响。当孩子表现出多愁善感时，父母最好的方法是转移其注意力，缓解孩子的痛苦情绪。

### 3.多关注孩子的优点

那些多愁善感的孩子通常会担心被别人否定，因此，父母要多关注孩子的优点，并常常以欣赏的语气鼓励他，孩子得到了肯定，就会增强自信心，其性格也会变得开朗起来。在平时生活中，父母需要细心观察孩子的喜好，努力挖掘孩子的潜能，然后创造条件让孩子展示、表现自己，一旦孩子获得了成功的体验，内心就会强大起来。

### 4.让孩子明白哭是没用的

当孩子由于多愁善感而掉眼泪时，父母要让孩子知道哭是没有用的，解决不了任何问题，即便哭得昏天黑地也不能改变事情的结果。父母需要告诉孩子，正确的做法是把眼泪擦掉，勇敢面对，坚强地迎接新的生活。

### 5.尽可能与孩子多商量

如果希望多愁善感的孩子变得坚强，父母不要总按照自己的意愿来塑造孩子，让孩子言听计从。任何事情都要尽可能与孩子商量，特别是孩子自己的事情，父母一定要尊重孩子的想法，多听取孩子的建议。

### 6.不要总是指责孩子

多愁善感的孩子大多缺乏自信心，父母不要总是指责孩子，这样的教育方式是不妥当的。因此，当孩子不会做某件事时，父母要向孩子解释和示范如何做才是正确的，孩子会做了，父母就会少一份担心，多一份乐观，而孩子也敢于积极地去做。

### 7.语气平和地安慰孩子

多愁善感的孩子往往感情细腻、复杂，经常想得太多，而且顾虑太多。当孩子多愁善感时，父母首先要语气平和地安慰孩子，对孩子表示自己的感受和他是一致的，与孩子产生感情上的共鸣，让孩子意识到父母会和自己分担忧伤。当然，父母可以把握时机，以孩子伤感的事物做媒介，理智、科学地对他进行教育，这样有利于孩子学会冷静、恰当地面对人生的挫折和不幸。

# 培养孩子的创新意识

孩子的大脑通常是灵活的，对外界新鲜事物往往怀有浓厚的兴趣。有时候，他们会以好奇的心态向父母提问，这些问题正是孩子了解这个世界、培养创新能力的重要途径。父母千万不要对孩子的问题置之不理，或者是随便应付一下，这样会让孩子失去热情，创新能力也会随之消失。另外，创新并没有我们想象的那么神奇，也没有我们想象的那么困难。我们日常生活中的点点滴滴都能体现出创新，创新就在我们身边。

爷爷很喜欢养花，偶尔他还会给家里捎带几盆好看的花，放在阳台上，并嘱咐孩子按时给花儿浇水。几盆花儿在孩子的精心照顾下长得枝繁叶茂，春天还开出了漂亮的花朵。有一天，孩子突发奇想地剪下了几枝月季花和太阳花，悄悄地把它们埋到了泥土中，还煞有介事地为它们浇水。过了几天，孩子看到月季花都枯萎了，但是太阳花却开花了，还从泥土中冒出了几个新芽。孩子很纳闷，明明两种花都是按照同样的方法种的，可却是不同的结果。

研究资料显示：外国中学生平时看上去学习不大用功，但却能时常提出一些独特的创新见解；而我国中学生平时学习刻苦，成绩也不错，遇到问题时却墨守成规，缺乏创新和突破。这个现象值得每一位父母的警觉和重视，不要再让孩子被动地学习，当他们的思想僵化，就毫无创造力可言了。父母应该鼓励孩子的创造性，教会孩子打破常规，突破创新，当孩子的智慧火花一闪现，就要加以保护。

其实，孩子的创新行为并不太复杂，体现在现实生活中甚至可以是很简单的行为。例如，一种游戏，孩子想出了一种新的玩法；一道数学题，孩子想出了新的解题方法；面对新现象提出的创新问题等，这些都是孩子打破常规的创新行为。培养孩子创新意识的方法是多样化的，关键是要父母扮演好领航者的角色，鼓励孩子坚持到底。

### 小贴士

#### 1.保护孩子的好奇心

面对生活中的种种现象，孩子往往会提出各种各样的问题，有些甚至听起来十分荒谬。其实，这就是孩子的好奇心使然，父母要保护孩子的好奇心，鼓励孩子多质疑，多提问。当孩子不断地问"为什么"时，父母不要马上就把答案告诉他，而要给他留一定的思考时间，让孩子说出自己的想法，激发孩子的探索精神，这就能够培养孩子的创新意识了。

#### 2.鼓励孩子的创新意识

有父母问孩子，雪融化了会变成什么？孩子眨着灵动的大眼睛回答，变成了春天。这个孩子的回答就充满了智慧。虽然，这是不符合常规的，但他的回答却是具有创新意识的。有时候，父母对于孩子的答案，不能以自己的思维方式或唯一的标准答案捆住孩子，要鼓励孩子打破思维定式的羁绊。在判断孩子答案的时候，要把是否具备创新意识放在第一位。只有这样不断地鼓励孩子的创新意识，才会让孩子的头脑中闪现出创造的火花。

#### 3.在日常生活中培养孩子的创新意识

创新思维的特点是灵活、变通，日常生活中，父母需要有意识地培养孩子这方面的创新意识。父母可以和孩子一起做家务，对一些简单的事情，可以问孩子"是否还有更好的方法"，鼓励孩子异想天开，培养孩子勇于探索、敢于创造的创新精神。当孩子在做一件简单的事情时，父母可以鼓励孩子多想几种方法，举一反三，然后得出最简单的方法，这样可以培养孩子思维的变通性和灵活性。

即便是在和孩子玩游戏的时候，父母也可以有意识地锻炼孩子的创新能力，让孩子敢于打破常规思维，进行一些创造性的活动。例如，父母与孩子一起折纸船时，可以提醒孩子"怎么样让纸船在水里行得更远并且不会沉下去"，然后引导孩子变换纸船的折叠方法、更换纸张等，慢慢探索出可行的方法。时间长了，孩子就会自觉地问"怎么去做会更好"，从而发现问题，解决问题，逐渐培养一些创新精神。

## 孩子说脏话，要不要管

孩子为什么会喜欢说脏话呢？

心理学家认为，幼儿期是语言、动作快速发展的时期，而孩子的语言和动作主要是通过模仿获得的。孩子知识经验少，分辨是非好坏的能力较差。当听到别人说脏话、看到电视里反面人物的奇怪模样时，他们并不理解那些脏话的意思，只是觉得新鲜、好玩，便会模仿起来。同时，父母是孩子最亲近的人，他们是孩子语言学习的第一任老师。假如父母不注意自己的言行举止，常常说脏话、喜欢骂人，那孩子肯定会受影响。

有的父母比较忙，没有时间和孩子一起游戏、聊天或给孩子讲故事，只是埋头做自己的事情。孩子觉得受到冷落，于是就会冲着父母做个"鬼脸"或说句脏话，目的就是引起父母的注意。这时父母如果放下手里的事情，来处理孩子的行为问题，孩子就会感到很满足，在他看来，父母能放下手里的事情和自己一起交谈，专门注意他的行为，就足以让他感到满足。

有些父母过于敏感，当孩子无意地说一句脏话或模仿反面角色的怪样时，父母就大惊小怪，或觉得逗趣，哈哈大笑，然后在笑声中严厉制止。这会引起孩子的"有意注意"，出于探索的目的，他们便会再次重复这些行为。假如父母生气，或付之无可奈何的一笑，便会给孩子莫大的鼓励，无意中强化了孩子讲脏话或做怪样的行为。

甜甜原来是一个很乖巧可爱的孩子，说话软萌软萌的，特别招人喜欢。不过，到了四五岁，她突然开始喜欢说脏话了，偶尔妈妈做事糊涂了，她就说："妈妈，你是笨蛋吗？"平时自己玩玩具，也会自言自语地说："蠢猪""去死吧"。妈妈感到很疑惑，这孩子在哪里学的这些话呢？

有一次，甜甜跟弟弟一块儿玩积木，甜甜手脚麻利，三两下就搭了一座房子，结果弟弟什么也没搭成。甜甜指着弟弟，骂道："你是笨猪吗？这么简单都不会，我3岁就会了。"听到"笨猪"两个字，弟弟哭了，一边哭一边说："我不是笨猪。"在一旁观察了整个过程的妈妈惊呆了，孩子这些语言到底从哪里学来的呢？

　　儿童语言教育中出现教育偏差与失误，是一个不和谐的因素，该如何解决？这让父母苦恼不已。孩子是在犯错误中长大的，这无疑是一句至理名言。不过关键问题在于，当面对孩子的错误或问题时，父母应该怎么办？毫无疑问，解决任何问题都需要弄清原因才好对症下药。

### 💙 小贴士

　　面对孩子讲脏话的行为，父母应该怎么办呢？

#### 1.没有反应才是最好的反应

　　孩子第一次说脏话时，父母一定要控制自己想要大笑的冲动，否则孩子势必会把这当作正面的鼓励而重蹈覆辙。几乎在所有的情况下，孩子都是在试探：这是我听过的话，那人说时看起来比较激动，如果我说出来，父母会是什么样的反应呢？让父母发笑、生气或不安是孩子想拥有的一种强大力量。所以，听到孩子第一次说脏话，不要表现出自己的情绪，没有反应才是最好的反应。

#### 2.用好玩的话代替脏话

　　假如孩子只是试试新词语，那父母可以说服他用另外一个令人激动的说法来代替。假如他是由于和许多成年人一样，没有合适的替代词来表达强烈的愤怒或沮丧才说脏话的，鼓励孩子大声说"我生气了""我很烦"也许有帮助。不过，假如孩子被警告了一两次之后还要说脏话，那就该好好管教了。父母要保持冷静，警告孩子："你说了那个词，必须受到惩罚。"

### 3.教孩子学会尊重他人

假如父母让孩子觉得给其他小朋友起孩子式的外号没有关系，那你就完全错了。脏话会让孩子在幼儿园、游乐园和朋友家里陷入麻烦，所以父母需要向孩子解释骂人会让人伤心，即便其他孩子都这么说，这样也是不对的。骂人和让人伤心都是不可以的，尽管孩子可能还在学习体会别人的感情，或许不能每次都记得先考虑别人，但依然需要知道自己什么时候是在伤害别人，即便自己不是故意的。

### 4.提醒孩子不要说脏话

假如孩子总有一两句脏话不离口，那父母就需要说说他了，不过关键是态度平和，不要过于激动或愤怒。否则，每次父母生气，都等于在提醒孩子：他的本领有多大，能让你快速注意他。当孩子说一些不好的词或脏话时，父母可用平静且平淡的口气清楚地告诉他，这些话是不允许说的。

### 5.对孩子施以小小的惩罚

假如孩子是因为想要什么东西而讲脏话，一定不要让孩子得到他想要的东西。即便你指明"说那样的话很不好"，也不能把他想要的东西给他。

### 6.父母要注意自身的言行

假如你的孩子每天都听到脏话，他就很难相信那些话是不能说的，他也会很奇怪为什么规则只针对自己而不针对父母。父母要把孩子想成一块海绵，他会吸收自己从周围听到和看到的东西，并渴望和其他人分享自己所学到的东西，不论那是好的还是坏的。

## 孩子是一个"话痨"

从孩子出生开始，父母就为了孩子的衣食住行操心，盼着孩子学会走路、学会说话。然而，孩子到了两三岁，不仅学会了说话，而且变得很喜欢说话，简直就是一个活脱脱的话痨。每天叽叽喳喳说个不停，只要身边有人，他们就一边玩一边习惯性地无意识地在那里说个不停。儿童教育学家蒙台梭利把孩子的2岁称为"词汇爆炸期"，2岁前的孩子会经历一个词汇量的激增期；2岁之后运用句子的能力快速增强，并且可以把一些新学的词有序地进行排列。所以，孩子喜欢说话，而且会冒出很多有意思的句子来。

倩倩正在上幼儿园，妈妈几乎每天都会接到老师的电话："你家孩子太爱说话了，不仅自己上课思想不集中，影响老师上课，还会影响别的孩子听课。"对此，妈妈也感到很无奈。孩子3岁之后，就特别爱讲话，每天都说个不停，如果跟她待上一整天，那耳朵都会"嗡嗡作响"。

例如当妈妈带着倩倩出去逛街的时候，倩倩会紧张地说："妈妈，我们快回去吧，一会儿光头强把我们小区的树都砍光了。"弄得妈妈哭笑不得，当妈妈叫倩倩爸的名字时，倩倩又说："妈妈，你不应该叫名字，应该叫老公。"全家人一起爬山时，她就开始碎碎念："以后外婆老了，我要挣很多钱，给她买运动鞋，带她来爬山，还有……"

3岁的孩子因为接触和掌握了大量的词汇，对语言表达有着浓厚的兴趣。孩子会用语言来帮助自己了解这个神奇的世界，然后参与身边发生的事情，如问一些奇怪的问题，然后通过父母的帮助和引导去认识与了解这些事情。孩子开启话痨模式，实际上是孩子学习并积累新词汇的重要途径，而语言则会赋予孩子表达自己内心的感受、需要和欲望的能力。有时候，父母嫌弃孩子的碎碎念，其实很多都是孩子不假思索的童真趣言。

### 小贴士

#### 1.及时给予孩子回应

尽管孩子话多起来简直令人崩溃，但是父母还是不能忽视他的感受。可以找找孩子话痨的原因，是真的想说话吗？还是想表达自己内心的情绪？当弄清楚原因之后，需要尊重孩子的感受，并给予他正面的回应。如孩子总喜欢问为什么，那父母可以尽可能地满足他的好奇心："这个问题有点儿困难，我们一起去书里寻找答案吧。"

### 2.引导孩子提高语言表达能力

很多时候，孩子只是无意识地叽叽喳喳说话，这时父母不妨引导他提高自己的语言表达能力。例如教他一些儿歌和绕口令，或者花时间给孩子讲故事。这样可以让孩子理解语言表达的内容，也可以加强孩子对语言作品的欣赏能力。如讲故事时，适时引导一下："白雪公主在森林里都看见了什么呀？"孩子会兴奋地讲一段自己想象的故事情节，来炫耀自己的语言表达能力。

### 3.阻止孩子重复提问

有时孩子会向父母诉说自己的需求，如"妈妈，我想再玩一会儿那个玩具，可以吗？"在得到妈妈的否定回答之后，孩子会一直重复。这时父母不要生气，重复回答也没有意义。不妨直接问孩子："一直问是不是想再玩一会儿，但是宝宝，我们要开始写字了，你一会儿再玩，好吗？"这样让孩子知道一直重复提问是没有意义的，因为父母的回答是很坚定的。

### 4.与孩子一起学知识

孩子经常会问："为什么飞机在天上飞""为什么人会说话"……回答这些问题比较有难度，父母往往难以准确作答。这时不能随便敷衍回答，可以和孩子一起查书籍。假如父母比较忙，那可以告诉孩子"一会儿等爸爸忙完了，咱们一起查阅资料"。如果孩子问一些尴尬的问题，如"为什么爸爸亲妈妈，跟亲我不一样"，对此类问题也不要逃避，可以用价值观与知识相结合的方法对孩子进行这方面的教育。

### 5.让孩子讲话更有规矩

孩子是小话痨，可能不分场合、人物和地点的乱说话。那么父母应该及时引导，如果孩子说话啰唆重复，那就经常让孩子讲故事；如果孩子喜欢插嘴，那要让孩子学会尊重别人的对话；同时，多让孩子理解别人的感受，教育他在说话时需要有一个很好的态度。

### 6.每天花时间倾听孩子在说什么

无论父母每天有多繁忙，都需要留出时间来跟孩子相处，认真倾听孩子在说些什么。关掉手机和电视，和孩子单独相处，看着他的眼睛，不管他说的事情有多平常，父母都要表现出浓厚的兴趣。如果父母有耐心倾听那些不那么重要的事，那等孩子进入青春期之后就会乐于跟父母分享那些重要的事情。

### 7.提升孩子的自控力

如果孩子已经上了幼儿园，而且经常在课堂上讲话，那父母就需要积极引导，培养孩子的自控能力。例如问一下孩子，当他在上课时想跟同学讲话的时候，做些什么能让自己抑制住讲话的冲动。

### 8.别生气，多想想孩子的优点

孩子的喋喋不休或许会让工作一天的父母感到疲惫，但是父母别发脾气，多想想孩子的优点，应花时间倾听孩子的唠叨，毕竟这是孩子语言发展的关键时期，如果父母总是嫌弃孩子话多、黏人，那父母应该反思一下是否因为自己缺乏耐心。

# 孩子总喜欢问"为什么"

有的孩子喜欢思考，总喜欢向老师提各种问题；有的孩子心里即便知道老师说错了，也不会向老师说什么，更不会向老师提出来。前者是思考型孩子，后者是情感型孩子。思考型孩子崇尚逻辑、公平和公正，喜欢客观地分析问题，自然地发现问题，有吹毛求疵的倾向。有时甚至被看作是无情、麻木、漠不关心的，他们认为只有合乎逻辑的事情才是正确的。不同倾向的孩子体现的行为方式是大不一样的。思考型的孩子按照原则办事，如下面案例中的孩子就比较明显，他拿了苹果就吃，是因为他觉得这个苹果是给他吃的只能就自己吃，为什么要给奶奶和妈妈吃呢？

儿子的许多行为总让妈妈觉得不太对劲。如给他一个苹果，他拿了苹果就开始吃，而家里的妹妹总是拿了苹果要先看看奶奶，让奶奶咬一口，然后看看妈妈，让妈妈也咬一口，最后才开始自己吃。妈妈觉得儿子这样很自私，为什么不能分享自己的苹果呢？从小就这样，长大了说不定更自私呢。

而且，正在读三年级的他总是喜欢给老师提问题。本来提问题是一件好事，但儿子在提问时就好像是找老师的茬儿一样，让老师感觉很不舒服，妈妈批评他时也总是要与妈妈争吵并反抗。真不知道孩子是怎么了，小小年纪就有许多奇怪的思想。

在语言表达上，思考型孩子常常会说："为什么这样做？"

"为什么让我做？"语言是带有挑衅意味的。他们的提问看起来像是在找茬儿。不过，喜欢思考是他们的天生优势，父母需要做的就是努力去观察和发现孩子的优势，不断地强化孩子的优势，适时地弥补弱势，而不是批评、指责孩子，更不能去泯灭孩子的天性。

心理学家认为，3~6岁的孩子已经拥有一定的生活常识与知识经验，他们不再单纯地依赖于成人的思考，而是表现出自主思维的意愿，他们常常会说："让我自己想想看。"同时，他们喜欢分享自己思维的成果，希望获得别人的认可，从而满足体验成果的需要。思考是孩子认识世界的根本途径之一，父母在平时生活中要注意培养孩子发现问题的能力，鼓励孩子提出问题，对那些不喜欢提问的孩子，应注意丰富他们的知识，引导他们观察事物，还可以向他们提出一些问题，启发他们去思考。对稍微大一些的孩子，父母应引导他们对自己看到、听到、感受到的事物进行分析、比较，找出事物的异同，并按照一些共同的本质去进行初步的概括、分类。例如在一些实物中，找出哪些东西是玩具、哪些东西是家具、哪些东西是用具等。

### 小贴士

那么，父母该如何引导孩子学会思考呢？

#### 1.培养孩子喜欢思考的兴趣

兴趣是最好的老师，假如孩子对某件事情有着浓厚的兴趣，就会集中思想和注意力，他们会想方设法克服种种困难来达到自己的目的。即便孩子喜欢思考，但父母若不加以引导，孩子终有一天也会对思考失去兴趣。父母是孩子的启蒙老师，对孩子的影响是比较大的。所以，父母要以自己的情绪和行为去感染与影响孩子，用自己对周围事物的态度和情趣去影响孩子，同时，父母应经常向孩子提一些问题，激发孩子求知的欲望，引导孩子积极思考、解决问题。

### 2.循序渐进

假如孩子不喜欢思考，父母对其不可提出太高的要求，而要按照孩子的实际情况，从最直接、最容易思考的问题入手，如让孩子比较两个东西的异同，然后慢慢增加难度，让孩子通过自己的思考解决问题。

### 3.引导孩子在生活中积极思考

3~6岁的孩子对抽象的理论不容易理解。所以，对这样的孩子，父母仅仅说教是不行的，父母要创造思考的环境，开展一些健康、有益的活动，在活动中引导孩子积极思考，如进行一些家庭数学游戏、家庭猜谜活动、家庭智力游戏等，将数学、智力题融入活动之中。

### 4.让孩子享受成功的喜悦

尽管孩子只赢得了细小的进步，父母也不要忽略，需要及时地给予肯定、热情的鼓励。父母在平时生活中需要有意识地创设有利于孩子思考的环境，让家里充满求知的气氛，通过积极的亲子互动，自然而然地引导孩子进行思考，养成喜欢思考的好习惯。

### 5.保留思维空白

父母要解放孩子的头脑，让他们自己思考，恰当地保留思维空白。只要是孩子能够自己思考的，父母就要做到"欲言又止"。讲究"空白"的艺术，就可以达到"此时无声胜有声"的效果。孩子自主思索，可以对知识理解得更深、更透，从而培养良好的思维品质。

### 6.以丰富的感性经验和情感体验做铺垫

父母要以孩子丰富的感性经验和情感体验做铺垫，激活他们的自主思维。孩子的具体形象思维占据优势，头脑中有了丰富鲜活的表象，他们就可以进行知识的迁移，运用已有的知识进行积极有效的思考。

# 第 05 章

## 感官敏感期，让孩子感受事物

孩子从出生起，就会凭着听觉、视觉、味觉、触觉等器官来熟悉环境、了解事物。孩子在3岁前主要通过潜意识的"吸收性心智"吸收周围的一切事物，6岁左右便可以具体地透过感官分析、判断环境里的事物。

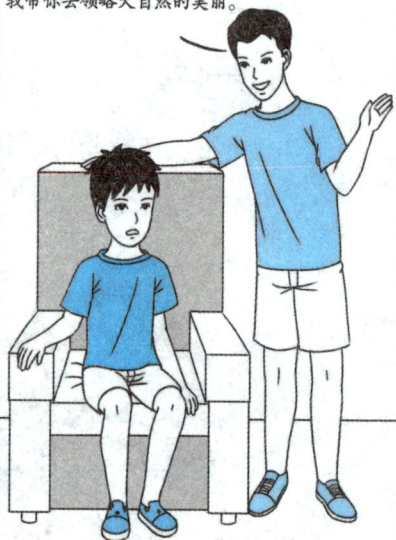

## 绘画敏感期，保护孩子的"涂鸦"梦

孩子到了绘画敏感期，就开始很喜欢乱画、乱涂，家里的床、墙壁，只要孩子够得到的地方都被涂鸦。这时父母总会说"你到底在画什么，根本看不懂""乖乖，不要在墙上乱涂乱画""孩子，这个小草应该是这样画，来妈妈教你"，等等。事实上，孩子在这一阶段喜欢乱涂乱画是有原因的，父母应该认真对待这一现象。

孩子喜欢乱涂乱画是身心发展的一种外在表现，此时孩子处于涂鸦期向象征期的过渡阶段，是孩子绘画的最初级阶段。对孩子来说，乱涂乱画只是一种行动，或是一种游戏，他们在这个过程中注重的不是涂画的结果，而是享受涂画的过程，从而获得心理上的满足和快乐。

当然，对于某些孩子而言，乱涂乱画是绘画兴趣的萌芽，因为他们爱上了画画，而且对绘画活动产生了浓厚的兴趣和爱好。一旦孩子有了兴趣和爱好，就有了表现的欲望，并想办法去满足这个愿望，于是就开始乱涂乱画。如果孩子产生了绘画的兴趣，但父母没有及时配备绘画的工具，那他们就会在认为可以绘画的地方来满足自己绘画的欲望。

李妈妈说，家里的墙壁就是孩子的画板，以前自己总试图去制止孩子画画。不过孩子爸爸不赞同，说别影响孩子创作。墙壁可以重新刷，但是孩子的灵感被抹杀掉就没有了，李妈妈想了想觉得这话有道理，所以现在家里好多家具上都有孩子的涂鸦作品。

6岁的童童喜欢乱涂乱画，家里的床头、墙壁以及门窗，只要他能够得到的地方都被他用彩色笔画过，章妈妈看孩子这么喜欢画画，就给童童报了一个绘画班。结果童童第一天上课，老师就告诉章妈妈："孩子一直不专心画画，他自己不画画就算了，还影响其他小朋友？"章妈妈感到纳闷，难道孩子不喜欢画画吗？但童童回到家之后，又开始在墙壁上、柜子上画画。

许多父母会出现像章妈妈一样的烦恼，孩子明明喜欢乱涂乱画，不过真正送他去上绘画班时，孩子却没有表现出太大的兴趣。也有父母像李妈妈一样，任由孩子发挥灵感，宽容对待孩子的乱涂乱画行为。

乱涂乱画是孩子成长过程中必然经历的过程，孩子乱涂乱画并不是真的在绘画。许多父母看到孩子拿笔乱涂乱画时，就会想：是不是该让孩子学画画了？其实，这一阶段是孩子的涂鸦敏感期，孩子之所以喜欢乱涂乱画，是随着自己的感知觉与动作有了一定的发展与协调之后，对身边环境做出的新探索行为，是一种新的动作练习。

乱涂乱画是孩子的一种沟通手段，孩子最初的涂鸦都是无意识的，没有绘画构思和目的。不过，随着年龄的增长，孩子会逐步调整自己手部的控制力，从而利用乱涂乱画进行自我创作和情绪表达。并非所有的孩子都可以很好地表达真实内心，乱涂乱画便成为孩子的第二语言，它可以帮助孩子表达自我，与他人交流。

### 小贴士

#### 1.认真对待孩子的乱涂乱画

父母需要有耐心地去看待孩子的乱涂乱画。不论是孩子一时兴致随便涂画，还是精心绘画，父母都要认真对待，努力站在孩子的角度去看他到底想表达什么。那些看起来稚嫩的作品，可能是孩子一时的想象，可能是孩子当下的心情，可能是孩子未来的目标，可能孩子自己都没意识到在画什么。不过父母若能够认真欣赏，那就是对孩子莫大的肯定与关注，会给予孩子精神上很大的支持。

#### 2.鼓励孩子

看到孩子乱涂乱画，父母需要及时给予孩子积极的肯定。不论孩子画得好不好，父母都不应该说"你这画的什么呀，乱七八糟"，否则会打击孩子的自信心。父母应该不吝啬自己的赞美之词，赞扬一下孩子，如"你画得真棒，你说画的是什么？小草，哦，看起来真像，你告诉妈妈，你是怎么画出来的，教一教妈妈"。孩子获得赞赏之后，内心会得到由衷的满足，或许以后在这方面会有特别的表现。

### 3.与孩子一起涂画

父母应该参与到孩子的涂画活动中，千万不能小看孩子的乱涂乱画，他们的画其实很有童趣。父母应该抽出一些时间，与孩子一起涂画，这样既可以促进亲子关系，又可以适当激发孩子的想象力，如太阳用什么颜色、画什么、如何布局，等等，可以与孩子一起协商完成绘画作品。当然，在这个过程中，需要以孩子为主，父母只需要参与就行，不能强制性要求孩子一定要画什么。

### 4.给予孩子内心的回应

有时候，孩子在涂画之后，可能绘画里面隐藏了某些孩子真实的情绪表达。父母在观察孩子的绘画作品之后，应努力感知孩子细腻的心思，然后给予一定的回应，如"原来宝贝眼中的天空是如此绚丽多彩啊，小草还知道疼痛呢，嗯，真不错"。这样一来，给予了孩子良好的回应，他在未来感知世界时会收获更多。

## 视觉敏感期，让孩子亲近大自然

有位哲学家说，家长要教会孩子读两本书：一本书是自己，一本书叫作自然，希望孩子能够用心来阅读这两本书，不单只用眼睛。大自然本来就是杰出的画家，更是杰出的艺术家，大自然里蕴含着说不出的美丽，也隐藏着不能知道的秘密。孩子有着非常敏锐的感知，有着强烈的好奇心，当孩子置身于大自然的怀抱，他就已经展开了想象的翅膀。这时候就需要父母教会孩子热爱大自然，拥抱大自然，感受来自大自然的美丽。

假期里，妈妈带着豆豆去旅游，到了安徽就去了一趟黄山。回来以后，豆豆就对大自然充满了兴趣，妈妈为了让孩子感受到大自然的美丽，又带着豆豆回了趟老家，那绝对算是有山有水的美丽地方。到了田野，豆豆就像撒欢的小驴一样，满地奔跑，对什么都感兴趣。"妈妈，你看有好多喜鹊！""那个小树被折断了，它肯定很痛，因为它哭了。"最让妈妈感到奇怪的是豆豆居然拿着葱薹叫道："这是葱妈妈的葱孩子。"林妈妈哭笑不得，也见识了孩子那无比丰富的想象力。要回家了，豆豆问妈妈："大自然为什么会这么美丽？"妈妈也不知道该怎么回答，只好说："因为大自然是最杰出的画家。"豆豆又问："那为什么城市里的树叶上沾满了灰尘，树下到处是垃圾，但这里的树叶却这么翠绿，而且也很干净？""因为城里的人不爱惜大自然，他们到处丢垃圾，这样树下面就很脏了。"妈妈回答道。豆豆明白了："那我以后绝不乱扔垃圾，还大自然一份美丽。"妈妈笑着点点头。

如果孩子远离了自然，就会缺乏一定的想象力，也缺乏应对各种复杂环境的能力。他们平时在学校进行枯燥的学习，学习上的压力得不到缓解，内心的焦虑也日渐严重。他们就像关在笼子里的小鸟，需要畅游在大自然里才能呼吸新鲜的空气，这无论是对于孩子本身，还是对于学习来说，他们都有必要亲近大自然，热爱大自然，成为大自然最童真的追随者。

## 小贴士

### 1.让孩子热爱大自然

父母要想孩子热爱大自然，就需要让孩子更多地亲近自然，融入自然中，培养孩子热爱自然、亲近花草动物的感情。让孩子用心去感受一颗樱桃的甜、一朵花的香、一株草的绿……这样他们才能真正地感觉到大自然的美丽。在周末或者假期，父母可以带领孩子走出家门，融入大自然的怀抱，让孩子用身体去感受自然；用眼睛去观察自然，感受自然的美丽；用手去触摸自然；和自然融为一体；走在田野里，踏在自然的路上不断地前行；倾听自然的语言，感受大自然演奏的和谐交响乐。大自然给了孩子无穷的乐趣，也赋予了孩子无穷的力量。

### 2.让孩子在大自然中获得知识

其实，父母带着孩子到大自然中去，孩子在玩耍的过程中还可以学到很多知识。只要父母能够寓教于乐，细心地陪着孩子玩耍，孩子会受益无穷。可能孩子喜欢边走边玩，走走停停、停停走走，他喜欢捡路边的小石子，喜欢采摘路旁的小花。有时候，路边的小虫子、一只小蚂蚁都难逃孩子的眼睛，一旦他发现了就要停下来看半天。这时候孩子在用心地观察，父母可以引导孩子亲近自然，享受自然带来的乐趣，在自然中获得知识。

### 3.培养孩子保护大自然的意识

有的孩子喜欢乱扔垃圾，喜欢采摘公园里的花朵。这时候，父母就要进行正确的引导，培养孩子保护大自然的意识。父母可以带着孩子到野外去感受大自然的美丽，当孩子陶醉在大自然的怀抱时，父母就可以不失时机地告诉孩子：在生活中要积极爱护一花一草，不要乱扔垃圾，这也是爱护大自然的方式，只有大家齐心协力保护大自然，大自然才会更加的美丽。帮助孩子树立正确的世界观，这样对于孩子身心健康地成长也是非常有帮助的。

## 模仿敏感期，孩子对同伴行为感兴趣

孩子天生喜欢模仿，因为模仿是孩子学习技能、探索世界的一种方式。随着年龄的增长，孩子的语言表达能力不断地提高，模仿能力也逐渐加强。一般而言，孩子通过他看、听、触摸、闻等感官系统对外部环境信息进行接收，来认识世界。孩子大脑负责外界信息收集的神经元在他出生时就已发育成熟，这就是孩子喜欢模仿的生理基础。而负责信息处理、逻辑想象这部分的是额叶神经元，这部分神经元在孩子2岁开始发育，快速发育期在3~6岁，这一阶段孩子的模仿能力会加强。

园园2岁时就喜欢模仿，她每次在家总不爱穿自己的鞋子，而是偏爱妈妈的高跟鞋，而且穿着妈妈的鞋子，走起路来感觉很神奇。平时趁着爸妈不在家，她会拿着妈妈的化妆品在自己脸上乱涂抹，还不时照镜子。

后来上了幼儿园之后，她开始喜欢模仿与自己同龄或比自己大的孩子。别的孩子做什么，她就学别人做什么，连老师都说她的模仿行为比别的小朋友明显，不过在爸妈和比她小的孩子面前又不这样。

园园妈妈觉得孩子很没有自己的主见，总是别的小朋友做什么她就做什么，比如跟妞妞一起玩，妞妞玩得哈哈大笑她也哈哈大笑，妞妞爬扶梯时摔倒了，园园也跟着摔倒，这些现象持续大半年了。

孩子突然之间成为同伴的"跟屁虫"了，这让许多父母感到苦恼和困惑。看到别的孩子做什么，自己的孩子就做什么，这让许多父母认为自己的孩子没有个性、缺乏主见，甚至认为这是不好的现象。

事实上，孩子喜欢模仿是正常行为。孩子最开始喜欢模仿父母，因为父母是孩子的第一任导师。一般孩子模仿父母的年龄应该在2岁左右，如女孩喜欢穿妈妈的高跟鞋，男孩喜欢模仿爸爸开汽车。对孩子而言，他们对于喜欢的事情就是愿意模仿，这在孩子大脑情绪记忆系统，主要是额叶与边缘系统会存储下来，这是一种良好的体验行为，这种感觉就像成年人所体验的成就感、意义感、被认可感一样。孩子获得的这种兴奋感、舒服感，指引着他们的大脑不断重复，所表现出来的就是强烈的模仿行为。

孩子为什么喜欢模仿呢？

### 1.模仿即学习

孩子有很强的观察力，喜欢模仿他人的言行举止。实际上，这是孩子学习的一种方式。父母不必担心，只是孩子没有足够的知识经验，不知道怎么办，就只能通过观察同伴的行为表现来模仿学习，从而获得相应的经验。

### 2.一种从众心理

孩子从模仿中能够获得成功和喜悦。孩子也喜欢随大流，想跟别人一样，获得别人的认可，融入集体活动中，这是一种人际交往、人际依赖的心理安全需要，孩子可以从模仿中获得一种群体归属感。

### 3.独立自主意识较弱

孩子年龄小，独立自主意识较弱，依赖心理严重，他们的很多能力都是凭模仿学会的。有了模仿，减少了许多不必要的探索和尝试，快速掌握别人已经摸索出来的各种技能，才有时间、有精力去创新和发展。

### 小贴士

#### 1.正确看待孩子之间的相互模仿

孩子看到别的孩子吃什么，他也要同样的东西。看到孩子这样的行为，父母不要小题大做，将孩子之间的模仿行为认为是嫉妒、攀比、无理取闹等，也不要采用错误的方式来对待孩子，如拒绝孩子的要求，放任孩子哭闹。其实，孩子之间的模仿是一种自然本能，而嫉妒行为则伴随哭闹等行为表现。模仿同伴是一种学习和交流，父母错误对待孩子的模仿行为会不利于孩子的学习，而且也会影响孩子与同伴之间的关系。

#### 2.不要指责孩子是跟屁虫

看见孩子模仿同龄的孩子，觉得孩子没个性、缺乏主见，这其实是父母对孩子模仿行为持批评和否定态度。孩子的观点和主见主要是在模仿的基础上渐渐形成的，他们只有在同伴面前才互相模仿，从而实现真正的交流。

#### 3.通过互相模仿改掉孩子的坏习惯

孩子在成长过程中难免会养成一些不好的习惯，而相互模仿则可以促使孩子改掉一些不良的习惯。例如两个孩子一起吃饭，看着同伴吃饭很乖，父母就可以正面鼓励孩子去模仿对方"你看妞妞好棒哦，自己吃饭，她根本不需要妈妈喂"，这样就可以通过互相模仿渐渐地改变孩子的不良吃饭习惯。

### 4.注意孩子模仿的内容

互相模仿也存在一些问题。既然孩子可以模仿同伴的好行为，自然也会模仿一些不好的行为，所以需要父母经常把关，注意孩子模仿的内容。如孩子最近学班里的同学说脏话，父母就要及时干预和正面引导了。很多时候，孩子在模仿时并不清楚这个行为背后的意思，也不明白行为的好坏。而父母需要告诉孩子这是一个不好的行为，让孩子改掉这些不良行为。

### 5.告诉孩子是怎么回事

如果父母不希望孩子去模仿同伴的某些行为，最好的办法就是不要把那些事情搞得很神秘，开诚布公地让孩子去了解那些事情是怎么回事。好奇心没了，注意力自然也就会转移到其他方面。如孩子会模仿同伴的口头语、脏话或者口吃、频繁眨眼等动作，父母不要大惊失色地严厉禁止，否则会适得其反，加重孩子的好奇心和反抗心理。用表明态度、然后忽略的方式对待，等孩子的好奇心消失，这类行为也会自然消失。

## 正确培养孩子的观察能力

每个孩子都有强烈的好奇心，他们有着过旺的求知欲，父母应该利用孩子的这一天性，进而培养孩子的观察能力。父母可以把世间万物作为观察的对象，春天的小草、夏天的花朵、秋天的果实、冬天的白雪，这些都是很好的观察对象，能够让孩子体会到万物的变化，从观察中学到知识，同时也能增强观察能力。

周末，爸爸出门回来拎了一个小袋子，远远地看着就是一袋水，可在中间还漂浮着两条金色的小鱼。孩子马上放下手中的书，凑过去想看个究竟，爸爸乐呵呵地问："知道这是什么吗？"孩子回答："小鱼儿。"爸爸一边拿出水缸，一边说道："准确地说，这是金鱼，上次你不是嚷着要喂金鱼吗，你看爸爸给你买回来了。""可是，那天在电视上看见的金鱼是银色的，这怎么是金色的呢？"孩子有些质疑，爸爸耐心地解释："因为金鱼的祖先是野生的鲫鱼，金鱼是人类经过了长期的育种改良而来的，人们在驯养野生鲫鱼的时候，选择的是野生鲫鱼中变种，也就是体色金黄的鲫鱼，由于它体色金黄，人类就给它命名为金鱼了，也有富贵吉祥的意思。现在虽然金鱼品种繁多，体色也五彩斑斓，但我们还是沿用祖先的名称，所以，它就叫金鱼了。""噢，原来还有这么大的学问。"孩子恍然大悟。爸爸边说边把金鱼放进了鱼缸，他看了看孩子："现在小金鱼就是你的了，你负责照顾它们，不懂的地方可以问我，好好照顾它们哦。"孩子看着在水中游动的金鱼，欢快地答应了。

就这样，孩子成为两只小金鱼的主人。每天放学回来，孩子都要亲自去看金鱼的变化，是否长大了一点，身体有哪些变化，有没有生病。

无论是一个小动物还是一种不寻常的景象，都会引起孩子的兴致和思考。同时，父母要引导孩子积极去观察，开阔孩子的视野，丰富孩子的知识。

### 小贴士

#### 1.让孩子感受到观察的乐趣

观察能力是孩子熟悉世界的窗口，孩子需要具备良好的观察能力，才能够从简单的生活中获取更多的知识。但是，如果父母只是要求孩子去观察事物，就会让孩子觉得这样的活动比较枯燥。因此，父母应该让孩子感受到观察的乐趣，如在家里养小动物，种一些花草，让孩子直接接触事物，天天关注它们的成长。有时候父母也可以陪着孩子一起观察，通过观察事物提出许多问题，再从中去获得答案，久而久之，孩子就会感受到观察的乐趣。父母还可以锻炼孩子养动物的能力，这样做不仅能使孩子从中学到一些常识，体验到观察的乐趣，还可以使孩子多思考，培养孩子良好的观察能力。

#### 2.引导孩子观察的方法

孩子在观察事物之前，最好让孩子熟悉所需要观察的对象，明确即将观察的事物，由于孩子总是四处张望，这就需要父母加以引导。例如，父母和孩子一起去公园，如果漫无目的地游玩，回到家里，孩子也说不清楚自己看见了什么。假如父母明确地带着孩子去观察公园里的鲜花，那么孩子就会细心地观察鲜花的颜色、香味以及花瓣的形状、叶子的形状等。这样让孩子有目的地去观察，可以取得更好的观察效果。

### 3.教会孩子合理的观察顺序

父母需要教会孩子合理的观察次序，引导孩子如何观察，先看什么，再看什么，暗示孩子抓住事物的重要特性进行观察。例如，父母带着孩子去动物园看猴子的时候，就可以边看边提出一系列问题让孩子回答，如"猴子的动作是怎么样的？""身体特性是什么？""为什么猴子会爬树？"等等，通过父母有意识地暗示，孩子就会掌握观察的方法。

### 4.教会孩子用自己的感官观察

父母要教会孩子利用自己的感官去观察，例如，用眼睛看一看外形以及颜色，用手摸一摸事物的外表，用耳朵听一听事物的声音，用鼻子闻一闻物体的气息，必要时可以用嘴巴尝一尝。这样让孩子用多种感官去接触事物，就会让孩子获得很好的观察效果，对所观察的事物也会留下深刻的印象。当然，孩子的观察能力不是一朝一夕就能培养出来的，必须经历过长期的训练，父母千万不要忽视孩子这方面能力的培养。

## 别给孩子一个敷衍的假期

到了假期，痛痛快快地玩上一把是所有孩子最大的愿望，父母应该理解孩子的这种心情，在不耽误学习的情况下，尽可能地让孩子在假期玩得尽兴。但有的父母在假期前就擅自为孩子报下了各种各样的培训班，希望不要浪费一点时间，抓紧时间让孩子学习。虽然，父母也是为了提高孩子的学习成绩，唯恐自己的孩子输给了其他孩子，但实际上这样做反而增加了孩子学习的压力。

假期到了，孩子心里可高兴了，又可以痛痛快快地玩了。可是，妈妈正在为是否给孩子报培训班而矛盾。最后，征询了孩子的意见，培训班只上一个，而且也是孩子自己选择的，他觉得自己需要练字，就选择了为期半个月的练字培训班。

假期第一天，妈妈就把一份假期计划书交给了孩子：第一段时间，认真完成假期作业，上好培训班，周末可以自由支配时间；中期，去乡下爷爷家住一阵子，体会农村生活，但要写三篇日记；后期，爸爸或妈妈会带着孩子去旅游一次，另外还可以参加其他同学组织的各种活动，适当地抽出一些时间复习一下功课，准备上学。

孩子看完了计划书，向妈妈竖起了大拇指："妈妈，我喜欢这计划，你是怎么想到的？"妈妈调皮地向孩子眨了眨眼睛："为了咱们家的宝贝能够过一个丰富多彩的假期，妈妈可是一整夜没有合眼。"孩子搂着妈妈亲了一口，觉得自己的假期生活真是五彩斑斓。

本来，孩子在学校已经觉得枯燥了，好不容易到了假期，肯定是想好好地放松一下。如果父母在这时候还想以学习来填满孩子的空闲时间，孩子在失望之下也会对所谓的学习提不起半点兴趣。聪明的父母寓教于乐，既让孩子痛痛快快地玩，又让孩子在玩耍中获得知识，致力于为孩子设计一个丰富多彩的假期。

## 小贴士

### 1.有计划地安排孩子的学习

当然，在假期肯定是需要安排孩子学习时间的，但这样的时间不宜过紧，也不宜过松。不能强行让孩子上午做数学作业，下午写语文作业，整天都是在写作业，没有一点乐趣可言，这样孩子就会反感，学习效率自然低下。例如，父母可以让孩子早上读一点英语，写一会儿数学作业，中午可以适当地看会儿电视，下午就可以阅读一些课外书籍，每天规定孩子完成一定的作业。这样不松不紧的学习计划，会让孩子觉得学习不是一种负担，他可以很轻松地学习，这样一来，学习效率和学习质量也会有所提高。

### 2.让孩子选择兴趣班

父母除了监督孩子完成老师布置的假期作业，也可以依据孩子的爱好选择一两个兴趣班。让孩子在学习之余，还可以学习其他的能力，如画画、书法、唱歌、跳舞。父母切忌擅自做主给孩子选择兴趣班，否则孩子会由于厌烦而失去兴趣，自然受益就不大。另外，对于这个年纪的孩子来说，最好不要在假期上一些学习辅导班。毕竟孩子还很小，对他们来说重要的是有个快乐的童年，而不是早早地套上学习的枷锁。如果孩子哪方面功课比较弱，父母可以抽时间在家里进行辅导，但也千万不要给孩子学习上的压力。如果父母把学习上的压力给了孩子，孩子就会厌烦学习，进而讨厌学习。

### 3.让孩子多参加有益的活动

爱玩是孩子的天性，好不容易盼来了假期，孩子当然想好好地玩耍了。但如何让孩子从玩耍中受益，这才是需要父母考虑的问题。在假期，许多博物馆、科技馆、图书馆等公共场所都会向中小学生免费开放，这时候父母可以陪着孩子一起去参观，让孩子度过一个快乐、轻松、健康的假期，也可以让孩子在玩耍中学到很多知识。

如果有时间，也可以带着孩子去乡下走走，感受大自然的美丽，陶冶情操，让孩子感受与城市不一样的地方，这样既开阔了孩子的视野，又愉悦了孩子的心灵。而且，远离了城市的喧闹，孩子会玩得更尽兴。当然，在玩耍的过程中也要注意安全。另外，有条件的父母还可以带着孩子外出旅游，增长孩子的见识，让孩子在旅游中获得新的知识。

# 第 06 章

## 学习敏感期，开发孩子超凡的智商

　　孩子的成长过程中有一个学习敏感期。在这一时期，孩子学什么都会很快，有时候孩子看似不经意的一些小举动，其实是在努力地探索世界、感知外界。因此，父母要特别留意孩子的学习敏感期，从而有效开发孩子超凡的智商。

## 好奇心带给孩子乐趣和知识

同龄的孩子，他们所掌握的知识面也大有不同。有的孩子对一些简单的事物都难以理解，但有的孩子却了解到了高年级的一些知识，究其原因就在于孩子的好奇心不同。每个孩子都是有好奇心的，有的孩子也许也好奇了，但他在还没有搞懂问题之前就把这个问题忘记了，也可以说这样的孩子好奇心不够，这样就促使孩子失掉了开阔知识面的好机会。所以，要想孩子拥有广博的知识，激发孩子大脑的潜能，父母首先应该让孩子保持强烈的好奇心。

爷爷来了，在小泉家住了好些天。早上，爷爷和爸爸戴着眼镜看报纸，睡眼惺忪的小泉坐在沙发上观察他们。一会儿，妈妈端来了早餐，爷爷和爸爸都放下了报纸，摘下眼镜，爷爷拉着小泉一起吃早餐。

小泉看着放在桌上的两副眼镜，心里痒痒的，想知道它们有什么不同。小泉匆匆吃了两口，就溜下了桌子，拿着两副眼镜在沙发上摆弄了起来。他拿着眼镜放在眼前看来看去，他先戴上爷爷那副眼镜，感觉眼睛发涨，看着地上都是凹凸不平的，他赶忙摘了下来，地面还是平的。他又戴上了爸爸的眼镜，感觉眼睛有点疼，看旁边的东西好像没有变化，不过看远处比较清楚些。

后来，小泉尝试把两副眼镜叠在一起观察，当他一手拿着爷爷的老花眼镜，一手拿着爸爸的近视眼镜，这样一前一后放在眼睛前面观察时，他发现远处大楼上面的一只鸽子出现在自己的眼前。这一发现让小泉很吃惊，他一个人在客厅大叫起来："爸爸，你快来看哪，我看到了那座大楼上的鸽子！"正在忙着打电话的爸爸没好气地说："小声点，别瞎去碰我们的眼镜，弄坏了我可要收拾你。"妈妈责备的眼神也看了过来，小泉默默放下眼镜，走开了。

小泉显露出来的是好奇心，只可惜并没有受到父母的关注，使得其大脑潜能未能得到如期的开发。在日常生活中，父母需要有意识地保护孩子的好奇心，让孩子不断地探索新奇的知识，在玩中不断学到知识。父母要想孩子的大脑潜能得到充分的开发，最重要的一点就是让孩子保持强烈的好奇心。

当孩子遇到不懂的问题，或看到不理解的现象时，孩子心里就会出现像案例中小泉那样"心痒痒"的感觉，这就说明他具备了强烈的好奇心。一旦一个孩子的好奇心达到了强烈的程度，他就会在问题没有得到解答之前，吃不香饭，睡不着觉，一直到弄清问题为止。因此，对于父母来说，要想培养孩子的好奇心，让孩子永远保持一颗好奇心，就要有意识地引导孩子对新事物产生浓厚的兴趣，并且切忌在这一过程中打击孩子的积极性。

## 小贴士

### 1.耐心聆听孩子的问题

虽然孩子已经进入学校学习，他们可能掌握了一定的知识，但他们仍然会产生许多问题，"爸爸，太阳落下去天就黑了？""为什么飞机能飞翔？"几乎每位父母都会遇到孩子这样的问题。这些在父母看来很平常的事物，在孩子看来却充满了神秘，他们非常好奇，渴望得到答案。好奇心是孩子比较好的特质，父母应该予以很好的保护，尤其要耐心地倾听孩子的问题。

有的父母在面对孩子这样幼稚的问题时就会表现得很不耐烦，或者随便敷衍一下。其实，这时候孩子的自我意识已经开始萌芽了，他们也有自尊心，能感受到父母这种不耐烦的态度，这会使孩子的自尊心受到伤害，下次再遇到不明白的问题他就不会向父母发问了。在这样的情况下，大多数孩子的好奇心就被父母不耐烦的态度给无情扼杀了。所以，无论孩子问的问题有多幼稚，父母都要耐心倾听，以认真的态度来对待孩子的提问。

### 2.有意识地引导孩子的好奇心

父母保护孩子好奇心的方法不同也会导致差异。有的父母直接告诉孩子正确答案，以为这样就满足了孩子的好奇心，其实，这样直接获得的答案会让孩子很快就忘记，而且他们逐渐在这种过程中失去了好奇心带来的乐趣。若父母不直接告诉他们答案，而是积极引导孩子，让孩子主动通过探索来获得知识，在鼓励孩子建立自信的同时，给予适当的帮助，这样不但引发了孩子的好奇心，还会引导孩子积极地思考。

### 3.与孩子共同体验快乐的"探索"

有的父母总是抱怨，孩子特别能"搞破坏"，常常把家里的东西拆了。其实，这是孩子出于好奇心对事物进行探索的过程，父母应该正确地引导孩子，让孩子明白他的"好奇心"所带来的影响，可以鼓励孩子将破坏的东西拼装起来，还可以和孩子研究事物的结构，引导孩子积极思考，这样既满足了孩子的好奇心，又能让他在快乐探索中获得学习的乐趣。

好奇心是孩子学习和成长的前提条件，父母应该以孩子的视角去看待他们的行为，保护孩子的好奇心，给孩子一定的空间去探索，给予孩子鼓励与支持，让孩子感受好奇心带来的乐趣与知识。

# 独立思考让孩子一生受用

独立思考是积极主动地思考，而且还具备新颖性、创新性的特点，这应该是每一个孩子必备的能力。那些不能独立思考的孩子，就没有独立性。有的父母不想让孩子吃苦，任何事情都包办，不鼓励孩子去独立思考，导致了孩子离不开父母。长此以往，孩子就会形成性格脆弱的特点。其实，这样的父母应该好好反思。父母要培养孩子独立思考的习惯，就需要提供机会让孩子自己去思考，让孩子在独立思考中获取答案，并且培养起明辨是非的能力。

孩子有一定独立思考的能力是思维发展的重要特征，一些孩子经常会说"爸爸，我不知道怎么说""妈妈，你说我该怎么办""爸爸，你去替我做嘛"。孩子在遇到困难的时候，本能的想法就是想依靠父母的帮助，帮助他们思考，帮助他们做判断。这时候，父母可以用日常生活中的具体问题，给孩子提供一个独立思考的机会，让孩子自己面对问题，并想出解决问题的方法。

思考就像播种一样，播种越勤，收获也就越丰。一个善于独立思考的孩子一定能品尝到清甜的果实，享受到丰收的喜悦。爱因斯坦说："学会独立思考和独立判断比获得知识更重要。"他还说："不下决心培养思考习惯的人，便失去了生活的最大乐趣。"父母要有意识地培养孩子独立思考的习惯，慢慢引导孩子主动发现问题、思考问题，进而在思考中解决问题。如果父母为孩子把什么都安排得十分妥帖周到，从来不鼓励孩子独立思考，就会渐渐地扼杀孩子的思考能力。父母可以用下面一些方法培养孩子独立思考的能力。

## 小贴士

### 1.创造独立思考的环境

父母不能因为孩子太小还需要自己的照顾，就把孩子当成附属品，并且在各方面都支配孩子的言行。其实，孩子也有自己的思考模式，他们也有自己的世界、自己的空间。若孩子有什么特别奇怪的想法，父母也要允许这些想法的存在，并积极加以引导，给孩子一个独立思考的机会。父母可以与孩子一起逛动物园、科技馆，和孩子一起阅读故事书或者看电视，然后让孩子思考"你看到了什么""你听到了什么"，引导孩子思考事物本身之外的问题，并从思考中获得答案。

例如，有的父母就会通过朗读简单的故事来引导孩子思考问题。他先让孩子读一篇故事，然后和孩子一起讨论，由此引发孩子联想出一连串问题。很快，这个孩子就表现出了远胜于同龄孩子的思考能力。这样为孩子创造出思考的氛围，能够帮助孩子提高独立思考的能力，使孩子在以后的学习中受益匪浅。

### 2.让孩子学会独立思考

父母在与孩子的相处过程中，要以商量的口气讨论，多留给孩子自己思考的空间，为孩子提供一个提出自己想法的机会。父母可以依据谈话的内容向孩子发问"你觉得这是怎么样的""如果是你，你会怎么样去做""对这件事，你是怎么想的"。这样提出一些问题，引起孩子的思考，引导孩子逐步展开思考。若孩子长时间处于思考中，父母也不要着急，应该给孩子留足够多的思考时间，也不要直接把答案告诉他们。即便孩子答错了，父母也不要加以责备，应该帮助他们思考，引导他们去发现和纠正自己的错误。

### 3.鼓励孩子大胆发问

有人曾经问大哲学家穆尔谁是他最得意的学生，穆尔毫不犹豫地回答："是维特根斯坦。""为什么？""因为在我所有的学生中，只有他一个人在听我讲课的时候，老是露出迷茫的神色，老是有一大堆的问题。"后来，维特根斯坦的名气超过了罗素，当有人问穆尔罗素为什么会落伍时，穆尔坦率地说："因为他已经没有问题了。"由此可见孩子的大胆提问有多重要，这表明孩子是在积极思考的，鼓励提问是智力教育的一种重要方法。父母应该鼓励孩子大胆提问，他们问得越多，知道得越多，就越能发展独立思考的能力。

### 4.给孩子独自思考的机会

孔子说过："学而不思则罔。"这是学习与思考的关系，也说明了思考对于学习的重要性。好奇心是孩子的天性，他们会不断地问"为什么"，这时候需要父母正确引导，不要压抑孩子的好奇心，这样他的求知欲就越来越旺，进而提高了独立思考的能力。

有的父母抱怨自己的孩子不喜欢动脑筋，不喜欢思考。这时候，父母应该问自己，在孩子的成长过程中，你有没有给孩子独立思考的机会？当孩子因为好奇心提出问题的时候，父母不要急于把正确答案告诉孩子，而要引导孩子积极思考探索，在思考中自己找出答案，有意识地培养孩子独立思考的能力。

## 激发孩子的想象力

19世纪，荷兰著名化学家范特霍夫曾就"想象"这种才能对许多科学家做了调查研究，发现他们中间最杰出的人都具有高度的想象力。而对于孩子来说，想象力的培养以及创造力的开发，是其成长过程中不可缺少的一个步骤，也是父母不容忽视的家庭教育。想象是科学发现和创造的萌芽，也是孩子走上成才之路的起点。正在成长中的孩子喜欢思考，有着强烈的求知欲，他们对于新鲜特别的东西总是抱有浓厚的兴趣，这时候，父母需要有意识地培养孩子的想象力，点燃他们心中想象的火炬，让孩子展开想象的翅膀，在未来的成长天地中自由翱翔。

乐乐小时候，妈妈已经给他讲过《灰姑娘》的童话故事了，乐乐太喜欢这样的童话故事了，这会儿，他又把那本书翻了出来，自己一个人看了起来。妈妈看着乐乐在看书，忍不住也凑了上去，两人一起看。"最后王子和灰姑娘幸福地生活在一起。"乐乐大声念出了最后的结局，妈妈突然想到了问题："乐乐，这个故事看好几遍了，妈妈问你几个问题啊！""问吧，妈妈，我一定能回答上来。"乐乐信心满满地拍着自己的胸脯，妈妈发问了："如果在午夜12点，灰姑娘没有及时跳上南瓜马车，会有什么情况发生呢？"乐乐有些语塞："这……这……"妈妈看见乐乐吞吞吐吐，看来孩子确实缺乏想象力。

伟大的科学家爱因斯坦曾说过："想象力比知识更重要，因为知识是有限的，而想象力概括着世界上的一切，推动着进步，并且是知识进化的源泉。"有的父母在给孩子讲完故事后向孩子提问，实际上就是在有意识地锻炼孩子的想象力，让孩子展开想象的翅膀。想象是智慧的翅膀，是创造的灵光，因而，想象力在孩子的智力发育中占据着极其重要的位置。

💪❤ 小贴士

### 1.让孩子多问问题

孩子们总是睁着好奇的眼睛，带着求知的欲望，仔细观察着周围的一切事物，他们会不知疲倦地向父母问一些稀奇古怪的问题。其实，在这个年龄阶段的学生，总是喜欢刨根问底，他们所问的内容比较广泛，有时候甚至让父母哑口无言。有的父母被孩子问得很烦，就没好气地说："就你事儿多，哪来这么多为什么！""小孩子懂什么！"这样孩子的创造力、想象力就在无形中被父母扼杀了。

父母要认真面对孩子提出的问题，进行积极引导，即便是很荒谬的问题，父母也要正确引导，让孩子明白事情到底是怎样的。孩子有时候会提出很古怪的问题，父母不要加以责备，要明白古怪的问题来源于孩子丰富的想象力。面对一些新鲜事物，父母应该鼓励孩子多提问，让孩子展开想象的翅膀，让孩子争当"小问号"。

### 2.鼓励孩子"异想天开"

我们常说的"异想天开"就是一种想象力。孩子的心灵，总是能映照出一个五彩斑斓的世界。孩子听着童话故事，会展开一系列的想象，甚至会说出一些不着边际的话，这时候，父母不要斥责孩子"胡思乱想""胡编乱造""编瞎话"，而应该保护这种想象。适当的时候，父母应该鼓励孩子异想天开，为他们营造想象的氛围，锻炼他们的想象力。例如，父母在给孩子讲述故事之后，要求孩子自己编故事，让孩子大胆地想象，这样既训练了孩子的语言表达能力，又激发了孩子的想象力。

父母应该耐心认真地对待孩子的异想天开，如有的孩子会说："将来我想发明一种食物，吃一点，可以一年不用吃饭。"父母也不要大惊小怪，要让孩子觉得这样的想法是很棒的，让他们享受想象带来的乐趣。

### 3.开启想象的思路

如果孩子整天坐在家里，想象力再丰富的孩子也会受到思维的限制，这时候父母要帮助孩子开阔想象的思路。父母可以带着孩子走进社会、走进大自然，拓展孩子的视野，开阔他们的想象思路。五彩斑斓的世界，千奇百怪的大自然都有利于丰富孩子的思维，开阔孩子的想象力。孩子的知识面越广，他们的想象力也就越丰富。

### 4.鼓励孩子实现梦想

德国的莱特兄弟小时候是一对富有想象力的孩子。一次，兄弟俩在树下玩耍时，抬头看见天上的一轮明月挂在树梢上，于是两人迅速爬上树去摘，但却让树枝把衣服钩破了。他们的父亲见此情况，不但没批评他们，反而耐心诱导他们，后来兄弟俩发明了世界上第一架飞机。所以，孩子的想象并不是不切实际的想象，合理的想象本身就包含着现实的可能性。父母需要帮助孩子提高想象的现实性，只要不是太过奇怪的想象，父母可以加以诱导，让孩子把想象变成现实。

## 锻炼孩子的耐力和意志

孩子缺乏耐力主要表现在做事缺乏计划，想什么时候去做就什么时候去做，想什么时候放弃就什么时候放弃；做事情经常做到一半就放弃，不知道为什么要坚持下去，也不知道怎样坚持下去。父母作为孩子的领航者，需要引导孩子认识耐力的重要性，并积极地培养孩子坚持不懈的耐力。当然，这是一个循序渐进的过程，也需要父母拿出自己的耐力。耐力对于孩子的成长很重要，有时候成功其实往往不过是你比别人耐力强了一点，坚强地支撑了更长时间。

耐力是成功必备的条件之一，父母要想孩子在未来的人生中取得成功，那么，有意识地培养其耐力就是必需的。如何让自己的孩子有耐力呢？孩子不愿意继续完成一件事情，难道打骂就能解决问题吗？作为新时代的父母，必须摒弃落后的"棍棒"教育，坚持不懈去培养孩子的耐力。

小君6岁，是一个爱好广泛的小男孩，他喜欢画画、搭积木、练字、运动、看动画片，不过他经常是画还没画完，就打开电视看动画片，不一会儿，电视还开着，他又跑下楼去跟小伙伴踢球了。虽然他想做很多事情，但结果一件事也没有做好，做事非常盲目，缺乏意志力和目标性，随着性子来，想做什么就做什么，不耐烦了就放弃，从来不会把一件事坚持到底。

坚持不懈地做一件事，需要很大的耐性，孩子的耐性是需要培养的。尤其是对于兴趣很容易转移的小孩子，培养他的耐力更是刻不容缓的事情。现在，许多孩子稍微遇到一点困难就选择放弃，这对于他们未来的人生是极为不利的。因此，培养孩子坚持不懈的耐力应该从小做起。

### 小贴士

#### 1.以奖赏教育为主

如果父母能够为孩子制定可行的目标，他做事自然就会有耐力。例如，当孩子想要某种东西的时候，父母可以要求他先达成一定的目标，当他能够完成这个目标时，就把某样东西作为奖品给他。当然，随着孩子年龄的增长，他所想要完成的目标也越来越高，不再是小时候喜欢的棒棒糖或者玩具，这时候，父母就要以合理的原则来为孩子定下目标，让孩子自己把握努力的成果。例如，孩子想去旅游一次，那么，父母就可以有意识把这一目标当作奖品，让孩子朝着目标完成一个阶段性的任务，可以是一学期的成绩，也可以是学习某种特长。有时候，父母也可以把制定目标的自主权交给孩子，让孩子提出一些要求，那些奖品父母只要觉得合理就可以了。

### 2.在玩中锻炼耐性

爱玩是孩子的天性，他们往往能长时间地保持玩耍的状态，这其实也是一种耐性。父母应该巧妙地在玩耍中锻炼孩子的耐性，让孩子把游戏当作比赛，以获得成就感来作为奖励。为了让孩子有耐心，父母可以和孩子一起参与到游戏中去，可以在玩的过程中故意出错，让孩子找出错误在哪里，这样孩子就能集中注意力，长时间地专注某一件事。由于专注力是忍耐力的基础，如果培养了孩子的专注力，那他的耐性自然就不会有问题。

### 3.在活动中锻炼耐性

其实，孩子的兴趣越广泛，就越容易磨炼出他的耐性。耐性，实际上就是忍受延迟满足欲望的能力。在欲望未满足前，孩子保持了长久的耐性，没有情绪上的波动，他的耐性自然而然就建立起来了。所以，父母可以安排孩子多参加不同类型的兴趣活动，如果孩子喜欢唱歌跳舞，父母就鼓励他积极参与，孩子在兴趣的激发下往往愿意接受历练并考验自己。当父母尽可能地把这样的空间和平台提供给孩子时，这就是一个良好的开始。

### 4.给孩子一个挑战的机会

许多父母认为孩子太小了，一些事情可能难以坚持下去，这也是很正常的。其实，只要父母相信孩子能够做到，并给孩子一个挑战自我的机会，那么孩子就一定有耐力去做到。父母可以选择一些孩子现在做不到，但他们本身有能力做的事情，引导他们去完成，不要让孩子轻易地放弃。面对挑战，父母应该与孩子一起制定一个具体的目标，帮助孩子不断地挑战自我，树立进取心。例如，孩子不喜欢运动，才跑步一会儿就停下来了，这时候，父母可以给他制定目标，今天跑多少路程算今天的任务，明天再追加到多少才算完成任务，这样时间长了，孩子就有了足够的耐力。

## 训练孩子的注意力

"注意力"是指人的心理活动指向和集中于某种事物的能力，用通俗的话说就是"专心"。孩子在面对自己感兴趣的事情，如听广播、看电视时，常常会聚精会神，对身边的人和事都会听而不闻、视而不见，这就是一种注意力。培养孩子的注意力，对于促进孩子的脑部发育具有重要的意义。那些注意力集中的孩子，学习效率快，学习质量高；相反，那些注意力不够集中的孩子则作业马虎，做事情粗枝大叶。对于幼小的孩子来说，学习知识并不是最重要的，重要的是养成良好的学习习惯，而稳定持久的注意力则是学习中不可缺少的一部分。

注意力给孩子带来了诸多的益处：当孩子能够把注意力集中在某件事情上的时候，他们就会主动去探索未知的东西，寻求解决问题的办法，继而提高其学习能力；另外，注意力还可以帮助孩子克服散漫的习惯，能够沉着冷静地处理问题，形成稳定的心理素质；孩子注意力集中，就能够深入地思考问题；注意力集中的孩子能够专心做自己的事情，也容易获得成功，增强自己的信心。

孩子放学回家了，妈妈一边收拾屋子一边吩咐孩子完成老师留的家庭作业。孩子嘴上应着："好的，我马上就开始做。"结果他一眼看到茶几上的玩具，就忍不住玩起来。正在厨房忙碌的妈妈说："你开始写作业了吗？"孩子头也不抬："正在写呢。"然后才慢吞吞地拿出作业本，开始写作业。这才开始写一会儿，孩子又从抽屉里拿出零食，吃了起来；一会儿，又打开电视看看动画片……就这样，直到妈妈把饭都做好了，他还没写完作业。

孩子注意力分散，做事马虎，出现这样的现象，一方面是因为此年龄段孩子心智发育不成熟，另一方面是由于家庭环境和父母的教育方式所引起的。例如，父母双方对孩子的教育态度不一致，这也会让孩子无所适从；父母对孩子过分宠爱，缺少行为规范，孩子会养成随心所欲的习惯，因此缺乏了忍耐性和自制力，无法集中注意力；家里无法给孩子提供一个安静的环境，孩子就难以集中注意力。

### 小贴士

#### 1.营造安静的家庭环境

要想让孩子集中注意力学习，父母就应该自己安静下来，不要做分散孩子注意力的事情，如看电视时大声议论或大笑，父母也可以认真学习，以让孩子效仿。孩子在学习的时候，不要在旁边唠叨，也不要在孩子学习的房间里接待客人，否则会干扰孩子。在家里时刻保持安静的环境，这样可以让孩子少受外界的干扰，更好地保持注意力，如家里的东西摆放要整齐，孩子的用品和玩具要放在固定的位置。

#### 2.制定有规律的作息时间

孩子作息不定时、生活无规律，也是孩子注意力分散的主要原因。父母不应该整天强行要求孩子长时间从事单调枯燥的学习活动，否则必然会造成孩子大脑疲劳而精神分散。父母应该合理制订孩子的作息时间，简单有规律的家庭生活节奏有利于培养孩子的注意力。睡觉、玩耍、学习的时间都应该安排得较为固定，有的孩子注意力容易分散，这就需要父母帮助孩子建立规律的生活。

#### 3.以兴趣培养孩子的注意力

孩子对某些事物的兴趣越浓厚，就越容易形成稳定和集中的注意力。父母不要天天把孩子关在房间里学习，适当鼓励孩子多参加感兴趣的活动，让孩子在活动中发掘和发展自己的能力，并借此机会培养孩子的注意力。但是，如果孩子一会儿喜欢做这个，一会儿喜欢做那个，这时候，则需要父母引导孩子专注于一件感兴趣的事情。

### 4.培养孩子的自我控制能力

孩子在学习中遇到了困难，或者面对不感兴趣的事情，这时候即便是有一些注意力也是不够的，还需要有意识地培养孩子的自我控制能力，使注意力服从于活动的目的和任务。父母可以让孩子在一段时间内专心做一件事，如绘画、练书法等，以此来培养孩子的自制力。

### 5.适当限制孩子看电视的时间

如果孩子已经习惯了声光影的刺激，他们就不容易静下心来看书和学习。特别是喜欢看电视或者玩电子游戏的孩子，即便父母强行要求孩子读书学习，孩子的注意力也不在学习上，而是停留在电视或电子游戏上。所以，父母应适当限制孩子看电视的时间，在日常生活中让孩子多看书、多融入大自然。

### 6.帮助孩子调整情绪

如果孩子情绪处于悲伤、疲惫或者生病中，身心状态都不佳，是很难集中注意力的。此时父母要帮助孩子调整情绪，给予孩子关怀，而不是盲目地强迫要求。当孩子保持了心情愉快，他就更容易专心致志地做事情。

# 第 07 章

## 叛逆敏感期，理解孩子内心的执拗

叛逆敏感期是孩子的一个心理过渡期，他的独立意识和自我意识逐渐增强，迫切希望摆脱父母无微不至的管护。他们反对父母把自己当小孩，而以小大人自居。甚至为了表现自己的不平凡，对任何事物都倾向于批判的态度。

## 叛逆敏感期孩子的特点

科学研究表明：孩子的逆反期通常分为三个阶段：2~3岁的宝宝逆反期，6~8岁儿童逆反期，14~16岁青春逆反期。处于前两个逆反阶段的孩子通常会有这样的一些典型表现：破坏性强，喜欢摔东西、拆玩具、乱写乱画、撕书，或故意把玩具丢得满地都是；坚持要某一件东西，即便是外表相同的也不要；坚持要穿某件衣服、某双鞋，即便不符合季节；想要做的事情坚决要做到，否则就大哭大闹；在公共场合坐地耍赖、打人；父母要求的事情偏偏不做，越是禁止做的事情越要做；不理睬父母，宁愿自己玩，也不和父母一起玩；故意破坏之前定好的规矩；层出不穷地提出新的要求；和父母讲条件，要达到要求才肯做事；和别的小朋友玩耍时，争抢同一件玩具；不愿意和别人分享玩具，又喜欢抢别人的玩具，严重时还打人。

去逛超市之前，妈妈跟宝贝约定好：只买一样东西。当时宝贝也很乖地点点头，表示："我一定遵守约定。"没想到到了超市，看见满目琳琅的商品，宝贝摸摸这个，闻闻那个，嘴里直嚷着："我要这个。""妈妈，我要那个。""哇，这个好棒，我要买。"妈妈笑着说："宝贝，刚才出门前我们不是约定好，只买一样东西吗？你可要做一个说话算数的乖孩子哟。"宝贝翘着嘴巴，不高兴地说："不管，不管，我就要买。"妈妈耐心安抚："宝贝，听话。"宝贝开始哭闹："我不要听话，我要玩具，我要买好吃的……呜呜呜。"留下一脸无措的妈妈。

孩子产生自我意识后，必然会对"我"的能力产生好奇。所以孩子会通过各种方式探索自己可以做什么，自己会对别人产生什么影响。由于破坏比建设更容易，孩子缺乏能力，所以他们通常会通过破坏行为来判断自己的能力。同时，由于孩子语言能力尚不发达，还不懂得通过语言来社交，所以这一时期的孩子在与人交往中会有一定程度的攻击性行为，而且乐于观察他的攻击所带来的效果。

同时，孩子在自我意识成长的过程中，必将经过一个矛盾的阶段：一方面，孩子渴望独立，希望摆脱父母的控制；另一方面，他们在生活上、情感上又对父母有着依赖。这样矛盾的状况会使孩子比之前更黏父母，担心父母会离开，同时又会不断挑战父母的权威，和父母唱反调。孩子的自我尚未真正建立，在独立和依赖之前来回游离。在孩子未来的成长过程中，这一现象还会不断重复，孩子未来究竟能否实现真正的独立，父母的态度是关键。

### 小贴士

#### 1.耐心对待孩子的负面情绪

孩子情绪激动时，父母千万不要和孩子讲道理，当孩子大哭时，父母可以抱着孩子或者到安静的地方，静静地听孩子哭一会儿，让孩子平静；帮助孩子弄清楚为什么哭，是哪一种情绪，伤心还是愤怒；对孩子表示同情和理解；等孩子情绪平静了，提出新的办法转移注意力。

### 2.了解孩子叛逆行为的原因与动机

孩子和父母在一起的时间长，和父母最为亲近，要想了解孩子的需求，父母只有平时多注意观察，多学习教育孩子的知识，多和孩子交流。父母要充分理解孩子想要自己尝试、独立表现的要求，尽可能多创造一些条件，让孩子的要求得到适当的或充分的满足。

### 3.以巧妙的方法进行引导

叛逆期的孩子问题较多，父母应按照不同的情况采用不同的方法巧妙引导。例如父母让孩子吃饭，孩子偏不吃。父母可以采用激将法，要求孩子不吃饭，孩子反而会拼命要求吃饭；不让孩子关灯，孩子反而要求关灯。不过父母在使用这个方法时语气应尽可能真实平静，根据孩子情绪适当调整。

又如孩子到处扔东西吸引父母的注意力，这时父母要假装没看见，继续和家人聊天。孩子看见自己的行为没引起自己想要的效果，自然会停止这样的行为。

### 4.不能迁就原则问题

叛逆期的孩子一方面不断挑战规则，另一方面又不断追求规则。假如规则混乱，孩子就会缺少安全感。父母在制定规则时要讲科学，规则一旦制定，就必须遵守。不制定超过孩子能力的规则，如要求孩子上课不走神等。尊重孩子的需求，有时孩子只是要求自主行动，如要自己穿衣服、自己吃饭，不应当因为大人怕麻烦而禁止孩子做。

# 孩子的自私与霸道

心理学家认为，2岁多的孩子常常是"小气鬼"，想从他们的手里要一点东西，是很困难的。因为这个年龄的孩子自我意识开始形成并发展，进入第一反抗期。他们根本不会听父母的话，总是与父母对着干。在他们头脑中有了"我""我的"这一类概念，父母越是让他给别人，或别人越是要，孩子就越是不肯给，他似乎在证明自己的力量。

孩子到了3岁以后开始有了以玩具为媒介进行游戏的兴趣。他们开始有了借别人玩或把玩具借给别人的想法，因为他们喜欢和朋友共同游戏。这时父母要重视培养和教育，克服孩子的利己主义，培养孩子同情和关心别人的高尚情操。

小娜的父母是下岗职工，在街边做了一点小生意，尽管收入微薄，但两人为人热情豪爽，别人有什么困难，他们从来都是热心帮忙，不图回报。

夫妻俩三十多岁才生了漂亮的小娜，喜不自禁，把小娜捧在手心怕摔了，含在嘴里怕化了。两人省吃俭用，却总是给小娜穿最好的，吃最好的，读最好的学校。

小娜从小就生活得像一个小公主，这让她以为一切都应以自己为中心。所以，同学向她借玩具，她总是说："不要，我怕你给我把玩具摔坏了。"如果她正拿着好吃的东西，遇到有人开口向她要，她也会说："不行，我给你了，那我吃什么呀。"

在一份调查中证实，近年来有30%的孩子滋长了不尊重别人、不关心别人的自私心理，70%的孩子慢慢变得任性。这种情况的出现，大多是孩子在家庭中受几代人宠爱、保护的结果。每个人都关心孩子，于是便让孩子产生一种理所当然的至高无上的心理。

现代社会，孩子已经不自觉地成了家庭的"小皇帝"，时间长了，便形成了自私的性格。这就提醒父母，在把希望和爱倾注于孩子身上的同时，需要防止滋长孩子的自私心理。

## 小贴士

### 1.不要一切都顺从孩子

孩子处于从本能走向自觉的阶段，这是人的心理和性格开始萌芽的重要时期。在这个时期，为孩子创造一种良好的教育环境，对孩子今后的心理和性格的形成具有很大的影响。有的父母只要家中的"小皇帝"发脾气，不论要求是否合理，一切都顺从。孩子要吃什么，父母就做什么；孩子要什么，父母就买什么。在父母的百般呵护下，孩子的自我意识增强，家中一切都必须以他的情绪变化和要求为中心，如达不到要求，他就发脾气，这就是滋长孩子自私观念的温床。

### 2.引导孩子关心别人

父母自己先要是一个待人热情、关心别人、不自私的人，这样才能在教导孩子时有说服力。家庭成员之间，互相体贴、照顾，随时随地嘘寒问暖，从语言到行动都让孩子感受到人与人之间的互相关怀。在这个过程中，要让孩子从小学会察言观色，看到别人感情变化，想到别人的心理和愿望，从而愿意做出让步，或者去帮助别人。例如孩子在看电视，爷爷打盹了，妈妈不妨引导孩子："看看爷爷怎么了？爷爷是不是困了，他要睡觉了，怎么办呢？"让孩子意识到应关电视，让爷爷好好睡觉。

### 3.精神奖励

许多教育家的研究证明：精神鼓励的作用要比物质奖励大得多，效果也好得多。原因就是精神奖励能避免一些物质奖励带来的弊病。父母对孩子能关心别人，有好东西让大家分享，或做出一定牺牲的举动，要给予肯定、赞许，但不要大惊小怪地予以物质奖赏。不恰当的物质奖励不利于培养他无私的品格，反而会让孩子为了追求奖赏而去做事，一旦一次没有奖励，下次可能就不做了，这样，反而滋生了孩子的利己主义。

### 4.让孩子懂得分享

父母在家庭中应制定规矩：有好吃的东西，大家都应该吃。即便是单独给孩子吃的东西，也要求他给大人吃一点。父母在这时若推辞或假装吃，时间长了，孩子会觉得只有他自己应该吃，给父母不过是装装样子，或好玩，一旦父母真的吃了，孩子则会大哭。这样会导致孩子的自私心理，也暴露了家庭中不良习惯带来的影响。

### 5.让孩子明白对亲人的爱要有所回报

父母要让孩子感到自己生活在母爱、父爱或其他爱之中，应对亲人有所"回报"。实际上，孩子会主动回报爱他们的人的，愿意送给他们好东西，愿意为他们做事。但是，父母却不珍惜孩子这份可贵的情感，出于好心，不忍要孩子的心爱之物，舍不得孩子去做事。时间长了，孩子这份可贵的情感被磨灭了，这时父母才感叹"孩子太自私"，为时已晚。

### 6.给孩子出"难题"

对于大一点的孩子，父母可以出难题，如"只有一个苹果，应该怎么办？""水果有大有小，应该怎么办？""其他小朋友要借用你心爱的东西，怎么办？"等，父母在引导孩子解决这些难题的时候，不要以压制手段破坏他的情绪，使他产生对抗心理，也不要放任自流，随便他怎么样。而是顺其自然，孩子处得好，父母应及时表扬、鼓励；若处理不当，父母应该指导，事后与他耐心地谈一谈：为什么不能这样而要那样，为什么这样做不对。让孩子知道尊老爱幼，懂得关心别人。

# 孩子强烈的逆反心理

心理学研究认为，进入逆反期的孩子独立活动的愿望变得越来越强烈，他们觉得自己已经不是小孩子了。他们的心理会呈现矛盾的地方：一方面想摆脱父母，自作主张；另一方面又必须依赖家庭。这个时期的孩子，由于缺乏生活经验，不恰当地理解自尊，强烈要求别人把他们看作成人。

假如这时父母还把他们当成小孩子来看待，对其进行无微不至的关怀，唠叨、啰唆，孩子就会感到厌烦，感觉自尊心受到了伤害，从而萌发出对立的情绪。假如父母在同伴和异性面前管教他们，其"逆反心理"会更强烈，这时父母要巧妙管教。

女儿今年13岁了，最近总是喜欢和父母顶嘴，明明无理还要争辩。平时让她干什么事情，总喜欢等父母发了脾气才会行动。而且，挂在她嘴边最常的一句话就是："要你管我！"

女儿平时不愿意跟父母交流沟通，处处与父母对立，不是频繁地发脾气、与父母争吵，就是乱扔衣服、不写作业，有时还会逃学、夜不归宿。父母没说两句话，女儿就会摔门而去，或者说："得了，得了，我什么都懂，一天到晚数落什么，我不需要你们管！"在学校与同学关系也不和睦，说话总是尖酸刻薄。老师教育她，嘴皮都说破了，她依然不动声色。父母为此都愁死了，不知道该怎么办。

许多父母经常抱怨孩子越来越不听话了，整天不想回家，不愿意与父母说心里话，做事比较任性。而孩子却说，父母一天到晚唠唠叨叨，规定这不许、那不准，真是讨厌。显然，父母与子女是在对着干。

### 小贴士

#### 1.冷静面对孩子的逆反心理

通常孩子不太懂得控制自己，当他对父母的管教不服气时，他可能情绪会比较激动，可能会冲父母发脾气，可能会有过激的言语和行为，这时父母千万不要跟着孩子一起着急，要想办法控制孩子的情绪，可以先把事情暂时放一放。孩子顶嘴，父母即便再生气也要保持冷静，控制住自己的情绪，如果孩子一顶嘴就火冒三丈，甚至对孩子拳脚相加，这样做不仅无助于问题的解决，反而会使双方的情绪更加对立，孩子会更加不服气，父母会更生气，这样只会激化矛盾，不利于任何事情的解决。

#### 2.倾听孩子的想法

父母要善于营造聆听气氛，让家里时时刻刻都有一种"聆听气氛"。这样孩子一旦遇到重要事情，就会来找父母商量。父母需要抽出时间陪伴孩子，如利用共聚晚餐的机会，留心听孩子说话，让孩子觉得自己备受重视。父母需要做的是顾问、朋友，而不是长者，只要细心倾听，协助抉择，而不插手干预，仅需提出建议，而不替代决策。

### 3.对孩子采取温暖的方式

父母不能因为孩子是自己的，想打就打，想骂就骂。这样的教育方式是错误的，效果会适得其反。父母可以换个角度思考，站在孩子的立场教育孩子，处理突发事件。父母应以情感人、以理服人，毕竟孩子一时半会想不通，需要留给他们一些思考的时间。

### 4.与孩子聊天

当孩子有了逆反的苗头时，要与孩子进行一次亲切的聊天，明确告诉他逆反是一种消极的情绪状态，父母、老师同学都不喜欢，会影响自己的人际交往。长此以往，孩子会变得蛮横无理、胡作非为，不利于自己身心和谐发展。父母可以告诉孩子：对孩子的逆反，做父母的有多担心和顾虑，让他感受到他的逆反给身边的人造成的感情负担。

### 5.批评孩子要有技巧

不讲方法、不分场合地批评孩子，孩子犯了一个错误就把他过去的种种错误全都翻出来，随意地贬低和挖苦孩子，教育孩子时连同他的人格一起做出批判，这些是很多父母的通病，也容易引起孩子的逆反心理。为了减少孩子的对立情绪，父母不能滥用批判，批评孩子前先要弄清事情的原委，分清场合，更不要贬低孩子的人格，批评孩子时要考虑孩子的情绪。而且，好孩子都是夸出来的，对孩子要多些表扬、少些责怪，经常想想孩子的长处，关注孩子的点滴进步，寻找孩子身上的闪光点。这样一来，孩子平时受到的表扬和鼓励多了，犯错误时也容易接受父母的批评。

### 6.父母的教育方式要保持一致

面对孩子的教育问题，父母要保持一致的思想。不能父亲这样说，母亲又那样说；父亲在严厉地教育孩子，母亲却在一边护短。父母可以先商量一下策略，口径一致后，再与孩子进行交流。

### 7.尊重孩子的独立要求

有的父母出于对孩子的关心，一心一意想让孩子在自己的庇护下长大成人，而孩子开始有强烈的独立自主要求，对父母强压给他的想法和观念十分不满，从而产生逆反心理，容易与父母产生冲突。对于孩子的合理意见，父母要尊重，不要对孩子发号施令，以免让孩子产生抵触心理，对孩子尽可能地用商量的口吻，多说"我认为""我希望"，以此改善孩子与父母的关系，减少孩子的逆反心理。

### 8.正确"爱"孩子

父母应该意识到，对孩子过分地溺爱，实际上是害了他。父母对孩子既要爱护又要严格要求，对孩子不合理的要求，不能无原则地迁就。假如孩子的企图第一次得逞，之后就会习惯由着自己的性子来，到时候父母想管教亦是无能为力。当孩子生气时，父母应避免大声斥责。这时可以让孩子做一些能吸引他的事情，稳定其情绪，转移其注意力。等到孩子情绪稳定之后，再耐心地教育他。

# 孩子喜欢"欺负"同伴

有的孩子看起来很喜欢"欺负"同伴，这源于他个性里的领袖型特点。领袖型的孩子坚信所有的事情都应靠自己，很少依赖别人，希望所有人依赖他们。假如他们发现某些人身上有自己看不惯的行为习惯，或是某些人做了他们认为不对的事情，他们就会马上指出来，完全不考虑具体的情况和周围的环境，也很少会考虑对方的感受。

当然，孩子的领导才能是各种能力的综合，在他发挥领导才能的过程中，其综合分析能力、创造能力、决策能力、随机应变能力、协调能力、语言表达能力都得到了相应的锻炼。当然，孩子身上所体现出来的领导才能并不同于成人群体中的领导才能。在孩子身上，并没有体现出过多的权力因素，而是更多的自信和成就感。一个孩子如果具备了一定的领导能力，那么他在交往、应变、语言表达能力等方面都会远远超过同龄的孩子，这样他身边的其他孩子就会对其产生一种亲切感、信赖感和佩服感。

小坤从小就是一个孩子王，他好像天生就对权力特别着迷，而且永远精力充沛。在与身边的孩子相处时，小坤的支配欲就开始蠢蠢欲动，恨不得把周围的小朋友都收在自己的麾下，总是指挥他们："小胖，这次捉迷藏你负责来抓我们，不要偷看啊。""花花，你把我们的衣服拿着，别丢地上弄脏了。"　"妈妈，快帮我把牙膏挤好。"……而且在与小伙伴相处时，他好像不会考虑其他小朋友的感受。所以，经常有其他小朋友向小坤妈妈告状："阿姨，小坤欺负我，呜呜……"每每到这时候，妈妈就特别无奈，该怎么办呢？

小坤是典型的领袖型孩子，在他们幼小的心里总以为自己是蜘蛛侠，是拯救全人类的勇士。这种性格的孩子对权力特别着迷，在他们看来只要自己掌控整个局面，就能获得安全感和成就感。平时生活中，他们总是精力充沛，而且难以屈服于别人，在他们看来向其他孩子低头，那就是放弃自己的权利或需要的东西。当然，这会导致他们严重的自我膨胀，有时难免会伤害到其他孩子。

领导才能对孩子未来发展有极大的帮助。一个习惯于做孩子王的孩子，他能在未来的人生中扮演独当一面的角色，甚至带领自己的团队，因为他过早地接触了领导才能的方方面面。另外，对孩子当下的表现也有很大的帮助。那些具有领导才能的孩子往往担任学习上的领导者，如班长、中队长之类的职务。而且，他们在课余活动中表现出来的领导才能，比智力或学习成绩更能准确地预测他们将来的成就。

假如孩子具备领袖型性格，或者其领袖型的气质崭露头角，父母则应该予以其正确的引导。若孩子没有这样的性格特征，父母也可以通过有效的方法培养其领导才能。

💙 小贴士

### 1.培养孩子的沟通能力

领导者总是吩咐别人来做事，这就需要领导者具有比常人更优秀的沟通能力。领导者要有理解别人的能力，与人沟通，协调同伴之间的矛盾和冲突，解决发生在内部的分歧，让大家都朝着一个方向努力，这样，领导者才能赢得别人的尊敬。所以，在日常生活中，父母需要培养孩子的沟通能力，在家庭活动中，培养孩子的小主人意识，让孩子懂得理解别人、团结别人，培养与别人沟通的能力。

### 2.培养孩子的自信心

大多数孩子都有一定的依赖性，这其实是他们丧失自信的一个重要原因。孩子缺乏自信，因而总不敢单独去完成一些任务。父母吩咐孩子去完成一件事情的时候，要学会鼓励孩子："我知道你一定能做得到的。"如果孩子取得了成功，父母要给予夸奖："你果然做到了，真了不起。"当孩子听到了这样的话，自信心就会大增。孩子对自己的能力充满了自信，他就能够独立思考、独立行动，尤其是当孩子参与同龄孩子的活动时，他就会敢于参加，而且有一种必须成功的劲头。孩子有了一定的自信心，他就会有自信去领导自己的团队。

### 3.培养孩子的责任意识

领导者是有一定的责任意识的，他会对自己团队的成功与失败负责。对于孩子来说，他的责任意识就表现在他对自己、对他人以及日常生活中各种事情的态度上。为了培养孩子的责任意识，父母不仅要要求孩子自己的事情自己去做，还需要让孩子懂得对自己的言行负责。例如，当他要去做一件事情的时候，父母应要求他必须认真完成，且指出这是一种负责的表现。

### 4.培养孩子的决策能力和创新能力

父母常常认为孩子是没有想法的附属品，其实，孩子也能够感受到"自我"和"自我存在"，他们也经常为"什么都得听父母的"而烦恼。在这样一种有着强烈自我意识的心态下，孩子渴望独立行动并开始了决策。所以，随着孩子年龄的增长，父母要摒弃事事包办的习惯，尊重孩子的兴趣选择、价值判断等各方面的权利，给予孩子最大的信任，指导并帮助孩子独立自主地发展。

创新能力是一个领导者不可或缺的素质，其实，创新能力隐藏在每一个孩子的身上，即便是年龄很小的孩子，他也有一定的创造力。这时候，父母应以奖赏的方式呵护孩子的好奇心，激发他内心的探索欲望，这有助于培养孩子的创造性思维能力，也可以不断地增强孩子的自信心。

# 孩子在学校不受同学欢迎

现代社会，许多家庭都是独生子女，在这样的情况下，许多孩子养成了"凡事以自我为中心"的个性。而这恰恰是严重影响孩子与他人人际交往的障碍之一。以自我为中心的孩子总是强调自己的需要和兴趣，只关心自己的感觉，而不关心别人的利益得失。这样的孩子大多有很强的自尊心，不愿意别人超过自己，对别人的成绩非常嫉妒，对别人的失败则幸灾乐祸。

在与别人谈话的时候，他们总是谈着"自己""我"，不愿意听别人的情况，而这样的性格特点都是源于父母的宠溺。许多父母认为，孩子只有一个，好的东西都给孩子，宁愿自己吃苦也不愿意孩子吃苦。因此，这样个性的孩子在学校大多是没什么人缘的，对此，父母应该反省自己的家庭教育方式，及时做出调整，这样才能帮助孩子冲破"社交障碍"。

张妈妈说："我们一直很疼爱小洁，经常买漂亮的衣服和最好的玩具给她。不过，因为工作忙碌，陪伴小洁的时间很少。她总是一个人在家看电视、玩玩具。上了中学后，她不太懂得如何跟同学说话相处，也不知道如何与人分享，同学们都看她漂亮，东西用得好，以为她很骄傲，不想和她来往，不愿意跟她做朋友。时间长了，小洁越来越害羞，甚至讨厌上学。"

孩子为什么没人缘？在妈妈的叙述中，我们不难发现，孩子交际能力差，大部分原因在于父母。小洁的父母工作忙，没有时间照顾她，虽然父母认为自己比较疼爱孩子，但是疼孩子并不是给他买东西，而是关心孩子心里在想什么。小洁在这样家庭环境下长大，交际能力肯定好不到哪里去。

父母要有意识地锻炼孩子与人交往的能力，让孩子与同学、朋友一起玩，逐渐培养谦让、忍耐、协作的能力。若孩子总是与父母在一起，备受宠爱，养成霸道、以自我为中心的个性，以后进入社会就不能很好地与人相处了。

### 小贴士

#### 1.少批评，多赏识

许多孩子在学校没人缘，并不是因为他不被同学们所接纳，而是他自己不愿意与人交往，内心很自卑。而造成这样的原因是多方面的，可能他自身条件不怎么样，可能他成绩不好，等等。但面对孩子这样的情况，许多父母却只问成绩，若是考差了就批评、打骂教育。结果，孩子越来越自卑。对于孩子，父母要少批评、多赏识，关注孩子的优点，如"我觉得你写的文章很优美"，增强孩子的自信心。当孩子对自己充满信心之后，他自然会愿意与人交往。

#### 2.让孩子走出家庭

在家庭里，父母与孩子的关系多少存在一定的"不对等性"，父母有什么好吃的都留给孩子，宁愿自己省一点，也不能亏了孩子。但是，走出家庭，孩子与同龄人相处，那是完全对等的关系。同龄的孩子在一起玩，机会是均等的，大家都遵守共同的游戏规则，这会让孩子学会平等对人，学会理解别人的困难和心情。

# 第08章

## 习惯敏感期，让孩子养成良好的习惯

俗话说："三岁看大，七岁看老。"孩子处于习惯敏感期，就需要父母有意识地引导他们养成良好的习惯。行为日久成习惯，习惯日久成性格，性格日久成命运。一个好习惯的养成对孩子来说，是一生受益的。

# 让孩子养成勤俭节约的好习惯

爱默生曾经说："节俭是你一生中食用不完的美丽宴席。"但在我们身边，有着太多这样的声音："这个玩具太旧了，扔了！""我要买汽车、遥控飞机，我要买很多很多玩具。""我觉得衣服太少了，我要买很多很多新衣服。"孩子虽然还很小，但花钱如流水的习惯已经养成了。其实，作为父母，应该明白即使生活富裕了也不能丢了"勤俭节约"这个传家宝。

乐乐爸爸妈妈收入颇丰，生活在这样一个家庭里，乐乐可谓是衣食无忧。当然，爸爸妈妈希望把最好的东西给乐乐，所以每次给乐乐买东西从来都是眉头也不皱一下。乐乐一两岁就自己选鞋子，一双小鞋子几百元，妈妈也是当场买下来给孩子换上。爸爸更是宠爱他，每次出差不是带品牌服饰，就是捎回最新玩具。

在这样家庭里成长的乐乐，娇生惯养，稍有不顺他的意就发脾气。衣服必须穿名牌，不是名牌的衣服统统扔了；吃的也必须是最好的，普通的食物根本不吃；每年都要求出去旅游，如果父母不去，他就选择绝食。

实际上，让孩子从小养成勤俭节约的习惯是很重要的。问题并不在于有没有钱给孩子花，而是要让孩子懂得钱来得不容易，应该用在刀刃上，而不是过度地挥霍，否则只会成为败家子。

随着社会的不断进步，人们的经济生活水平也日益提升，继而提高了消费意识。其中，孩子成为社会消费的主力军，他们的消费水平在不断地上涨，没有限制地攀比浪费的现象层出不穷。现在，大多数孩子都是独生子女，被父母视为"掌上明珠""小皇帝"，父母的过分宠爱对孩子的身心发展会形成一种消极影响。尤其是助长了孩子浪费的不良习惯，导致孩子勤俭节约的意识薄弱，许多孩子都存在不珍惜劳动成果、不爱护公物、铺张浪费等不良习惯，这些问题必须引起每一位父母的重视。

那么，如何培养孩子勤俭节约的习惯呢？

## 小贴士

### 1.培养孩子勤俭节约的意识

父母可以通过讲一些故事来引导孩子从小就要勤俭节约，不贪图享乐，不爱慕虚荣。在家里经济条件许可的情况下，吃得好一点、穿得好一点是可以的，生活和学习的环境舒适一点也是可以的，但不能让孩子忘记了勤俭节约的习惯。父母要教会孩子量入为出，给孩子讲勤俭持家的道理，使孩子懂得一粒米、一滴水都是辛勤劳动而来的。衣食住行也是父母花力气挣来的，培养孩子勤俭节约的意识，这也是塑造孩子良好品德的开端。

### 2.父母要做好榜样

要想孩子养成勤俭节约的习惯，父母自身就要勤俭节约，如果父母花钱也是大手大脚的，那孩子爱浪费就不足为怪了。

喜欢模仿是孩子的特点，孩子的许多行为都是从模仿开始的。父母是孩子的第一任老师，你的一言一行、一举一动都会对孩子性格、品德的发展产生潜移默化的作用。父母在平时的生活中要勤俭节约，为孩子做好榜样，如随手关灯、不浪费自来水、爱惜粮食等，以自己良好的行为举止作为表率，去感染孩子，使孩子真正地养成勤俭节约的良好行为习惯。

### 3.让孩子体验劳动

父母可以引导孩子进行一些力所能及的劳动，通过劳动来收获来之不易的果实。如在农忙的时候，父母可以带着孩子一起去拾稻穗，使他们理解什么是"谁知盘中餐，粒粒皆辛苦"。继而培养孩子热情劳动、勤俭节约的习惯。另外，父母可以让孩子收集家里的旧物品，卖掉的钱可以存起来，然后捐助给那些贫穷的孩子。那些使用过的东西可以重复使用，如用易拉罐做一个花篮，这样既让孩子体验了劳动，也可以培养孩子勤俭节约的习惯。

### 4.引导孩子合理利用零花钱

父母一般都有给孩子零花钱的习惯，但给孩子零花钱要有计划，适当地限制数额，不要有求必应，应该依据孩子的年龄、实际用途和支配能力来给。另外，引导孩子学会记账，设计一本"零花钱记录本"将自己的零花钱的去处进行记录，父母还可以与孩子一起讨论，哪些钱是该花的，哪些钱是没有必要花的，让孩子明白钱要花在刀刃上。

# 提高孩子的做事效率

大多数父母都会面临一个很烦恼的问题，那就是孩子做事拖拖拉拉，一件事要说很多遍，孩子才会去做，或者说好几遍还是无动于衷。孩子做事拖拉的原因是什么呢？

心理学家认为，现代孩子所受到的溺爱是非常严重的，不管孩子做什么事情，都有父母帮忙。父母都心疼孩子，总是希望能够给孩子最宽松的环境，让孩子没有压力地生活，但在父母全权操办的情况下，孩子会越来越依赖父母，在遇到任何事情的时候，第一时间想到的也是让父母去做，假如非要自己解决，他们就会采用拖拉的方式。

当然，有的孩子拖拉并不是故意的，而是对所要做的事情不熟悉，他们害怕，试图通过拖拉的方式来逃避，类似于写作业、穿衣服、使用筷子等，都容易让孩子产生抗拒心理。而且，孩子毕竟是孩子，不会像成年人一样有很强的时间观念。他们在乎的是可以多玩耍一天，由于模糊的时间观念，他们是不会明白"今天的事情必须完成，明天还有明天的事情"的道理的。

林妈妈很是苦恼："我简直受不了我的女儿了！她是不是有什么毛病啊，干什么事情都是磨磨蹭蹭的，原本半小时就能写完的作业，她磨蹭两个小时都写不完，我在旁边看着，真是要抓狂了！"

林妈妈9岁的女儿每天放学回家后，并没有疯跑出去玩，而是乖乖坐在学习桌前，掏出作业本，摆出一副学习的架势。不过没写几个字之后，就跑去喝水；刚坐下，又叫着要吃东西；一会儿摆弄橡皮，一会儿玩铅笔，忙活了半天，作业却没写完。

刚开始林妈妈还会耐心纠正，后来一着急，就开始打骂了。女儿写作业依旧拖拉，林妈妈无奈，只好带着孩子找心理医生咨询。

心理学家也指出，孩子不容易控制自己的注意力，吃饭时看电视；做作业时听到外面有动静，就会跑出去看看；本来想去刷牙，结果看见小猫过来了，就会逗逗小猫。这些行为很容易造成孩子做事拖拉，因此父母要注意随时提醒孩子，把孩子从其他的事情中拉回来。

不过，也有的孩子天生性格安静，做事缓慢，不管遇到什么事情，就是紧张不起来，做事情慢条斯理，眼看时间都快结束了，孩子还是慢吞吞的，急死了父母，孩子却一点也不着急。

### 小贴士

尽管孩子做事拖拉的原因有很多，不过父母总是要想办法解决这个问题。

#### 1.规定任务，规定时间

父母可以准备一些简单的问题，规定时间，看在单位时间内孩子可以解决多少问题，敦促孩子提高效率。父母在训练孩子时也要下意识地提高自己的办事效率，然后在自己做事时争取尽快完成。如可以让孩子先试着一分钟写汉字训练和一分钟写数字训练，看孩子一分钟之内到底可写多少汉字、数字，记下来，进行对比，让孩子体会到时间的宝贵。

### 2.给孩子自由支配的时间

许多父母喜欢在孩子做完作业后，另外给孩子布置一些任务，为孩子安排得相当紧凑。这时孩子就会看出其中的端倪，就是自己一有空，父母就会布置新的任务。所以孩子的对策是拖延完成任务的时间，在做事的时候边做边玩，既达到了玩的目的，又可以少做作业。这时父母就应该给孩子可以自由支配的时间，事先估计一下孩子完成任务需要多久，其余的时间可以让孩子休息。

### 3.完成任务就有奖赏

父母可以在日常生活中要求孩子，如给孩子安排一个任务，规定他在什么时间一定要完成，假如完成了给予什么奖励，相反给予处罚。父母给出任务的时候，要记录自己给他交代任务的时间是几点到几点，假如孩子完成了，你就要遵守自己的诺言给予奖励；反之，没完成你一样要遵守自己的诺言给予处罚，这样才能树立自己的威信。

### 4.以身作则

父母首先要以身作则，自己做事的时候避免有拖拉的坏习惯。否则你在教育孩子时自己都不能理直气壮，孩子又怎么会听你的教诲呢？父母需要在平时生活中做事有计划、有效率，否则你留给孩子的印象就是拖拉的父母。

### 5.给孩子制订规划表

父母可以给孩子制订规划表，如早上7点至7点10分起床，穿好衣服，刷牙；7点15分至7点30分吃早餐。将孩子一天应该做的事情都规定好，让他去完成，不完成就给予处罚，这样孩子就会自动自发地去做了。

## 让孩子养成主动做事的习惯

许多父母总是抱怨孩子太"懒"了，做什么事情都需要自己提醒，否则他就坐在那里一动不动。其实，出现这样的情况，原因是多方面的：有的孩子是没有养成主动做事的习惯，孩子天性是比较敏感的，他们的注意力和兴趣容易很快转移，不能长久地保持，因而不能很好地去做一件事情，即便是做起事情来也是"有头无尾"，或者毛毛躁躁，他们在写作业的时候，总是一会儿去喝水、一会儿去洗手间、一会儿又在窗户边上看看；有的孩子容易受到周围环境的影响，他们注意力不集中，总是被外界的东西所影响，如玩具、动画片等，容易把注意力转移到另外的事情上去。

孩子很聪明，十分可爱，全家人都很喜欢，不过让爸爸妈妈有一点不满意的就是孩子太"懒"了。妈妈常常这样说他："你就像那癞蛤蟆，我推你一下，你才走一步，从来不会主动向前走。"刚开始听到这句话，孩子很不理解，因为他没有看到过癞蛤蟆。

平时放学回家，总是要爸爸妈妈催促三四遍："该写作业了。""放学了就应该先把作业写了再玩，否则一会儿不许吃饭。""宝贝，快来写作业，别玩了。""乖，听话，赶快来把作业写了。"……最后，孩子总要出去玩几次，才能把作业写完，有时甚至会拖到深夜。对此情况，爸妈很是头疼。

除此之外，孩子之所以会"懒"，在很大程度上也是父母惯出来的。有时候，孩子的事情没有做好，父母发现了，为了省心省事，父母就大包大揽，让孩子失去主动做事情的机会，继而使孩子产生一种依赖感，养成做事需要有人提醒的习惯。

这时候，如果父母不能正确对待，再加上孩子的模仿能力又强，使一些不良行为在孩子身上得以滋生。所以，当父母发现孩子做事缺乏主动性，就应该进行正面教育，加以鼓励，并进行引导，这样就能帮助孩子克服做事毛躁的不良习惯，使孩子养成主动做事的习惯。

### 小贴士

#### 1.言传身教

父母是孩子的第一任老师，因而，父母教育孩子的最好方式就是言传身教。父母除了鼓励孩子去主动做事情，还需要以实际行动来告诉孩子主动去做事情是一种好习惯，会从中获

得许多有益的东西。例如，当孩子做完了一件事情，父母应给予赞赏，并把孩子的成果展示给他自己看，让他获得一种成就感。当父母做好了榜样，给孩子树立起了良好的形象，孩子就会受到积极的影响，继而学会主动去做事情。

### 2.培养孩子主动做事的习惯

在日常生活中，大多数孩子做事都是毛手毛脚、虎头蛇尾，这时候父母应该制止孩子这种不良行为习惯的养成，进行正面引导，同时也要给予孩子一定的鼓励。当孩子在做一件事情的时候，父母可以帮助他指出明确的目的，对孩子做事的方法给予指导。从日常生活中的一件件小事做起，慢慢地培养孩子主动做事的习惯。

### 3.促进孩子主动做事的积极性

有时候，孩子做得不是很好，父母就是一顿指责，"做不好就别做了"，这样会打击孩子主动做事的积极性，下一次，他就不会再主动去做事了。父母应该鼓励孩子去做事，即便孩子做的事情不是那么令人满意，父母也应该先肯定孩子的成绩，这样可以有效地促进孩子主动做事的积极性。

### 4.适当地激励孩子

孩子做事缺乏主动性，父母的态度是很重要的。当孩子有了偷懒的念头，父母应该站在孩子的角度，用鼓励性的语言来激励孩子，向孩子提出一些要求。这样，孩子就会在父母的鼓励下主动去做一些事情，他也会认为主动做事情并没有想象中那么困难。

# 少立规矩，但立了一定要遵守

父母应该在家里穿着权威的大衣，给孩子立下规矩。当然，孩子的成长是随意自然的，父母要给孩子设限，但不要抵触孩子身上的随意自然。父母在教育孩子方面，应该提供一套基本的标准，简单地说，这是尊敬的底线，这套标准适用于不同年龄阶段的孩子。

俗话说，没有规矩，不成方圆。对军队里的士兵是这样，对孩子来说也是这样。或许，许多中国父母认为给孩子定规矩，他们肯定是难以做到的。但是，只要父母抱着充分的决心，帮助孩子克服最初的惊讶和抗拒，那就真的可以教导孩子改善行为，让他们更尊敬父母。

著名的教育学家蒙台梭利曾说："父母的规矩应该尽量少立，但立了，就一定要遵守。"父母要让孩子自由成长，不过自由的底线是规矩。或许，父母会认为，孩子还那么小，不愿意守规矩，又能怎么办呢？事实上，孩子会不会守规矩，能不能守规矩，父母是最能起决定性作用的人。

感受是伴随行为产生的，与其坐等孩子变得听话，不如主动去培养孩子礼貌的习惯。假如父母每天都跟孩子一起使用有礼貌的措辞，感谢和尊重的感觉就会从孩子的行为中慢慢表现出来。而且，除了培养良好的态度，措辞和举止也会让孩子更在意自己的行为、责任和别人的辛劳，要求孩子学会说这些话，对于教会他们守规矩是一个不错的起点。

### 小贴士

有些父母经常会成为错误的榜样。

#### 1.说话不算数的父母

父母经常会抱怨孩子不听话，实际上却是父母自己说话不算数。这样的现象是随处可见的，有时候父母请孩子收玩具，假如孩子不听话，父母发了牢骚之后就只好自己收拾了。有时候跟孩子明明说好在小朋友家里只玩半个小时，到时孩子一哭闹，父母多半会妥协，再多玩一个小时。既然父母从来都是说话不算数，孩子当然会对父母的话充耳不闻了。

父母需要让孩子明白，说话一定要算数。如吃饭这件事，让孩子明白吃饭是一件自己的事情，每天一日三餐需要定点定量，假如孩子一顿不吃，就必须等到下一顿，千万不要稍后用许多零食来充饥。这不但会让孩子体会饿的感觉，而且可以让孩子明白，假如不吃，就真的会饿肚子。

#### 2.父母控制不了自己的情绪

我们经常会看到父母指责孩子：你怎么就不能安静一会儿听故事呢；像你这样，长大肯定不会好好学习；你这孩子就是坏脾气。甚至有的父母什么理由都没有就动手打孩子。其实父母这样做只是发泄了自己的情绪，孩子则会感到十分委屈，根本不知道父母为什么生气。

对于孩子的胡闹，父母应心平气和地制止。父母越平静，教育效果就越好，让孩子服从的应该是父母讲的道理，而不是说话声音的大小。如吃饭这件事，吃饭应该是一件快乐的事情，所以最忌讳的是孩子不吃，却逼着孩子吃。假如孩子几顿都不好好吃饭，却依然没有胃口，那就需要带孩子去看医生。

### 3.对孩子纵容过度，不定规矩

有时候，孩子喜欢吃糖果，尽管父母觉得应该适当控制，但孩子一闹，就一块一块地给。孩子喜欢看动画片，父母就一次次纵容，总是延长时间，直到一整部动画片一个半小时全部放完才罢手。实际上，很多时候不是孩子不遵守规定，而是父母心软，不肯给孩子定规矩。

对于这样的情况，必须定规矩。假如孩子不遵守约定，父母可以发出一次警告。假如孩子还是不听，那父母就应该果断地关掉电源，这样的行为或许有些粗暴，不过却是父母说到做到的最佳办法。对于孩子来说，越是他们喜欢的东西，就越是要有节制，从小教孩子懂得自我控制，长大才能自己管住自己，成为一个对自己行为负责的人。

### 4.避免粗暴地处理问题

经常会听到父母发出这样的抱怨："这孩子，不就一个小脏瓶子吗？丢都丢了，至于哭成这样吗？"或者父母会说："这玩具不好玩，妈妈给你买另外那个。"结果孩子不乐意了，大人又开始抱怨了。实际上孩子有自己的想法和思维方式，父母应该多从孩子的角度考虑问题，这样才能真正地理解孩子心里在想什么。

# 第09章

## 入园敏感期，帮助孩子度过磨合期

父母永远是孩子身边最贴心、最直接的领航者，尤其是在孩子入园敏感期。当孩子走进幼儿园，开始集体生活，那意味着他生活习惯的变化。在这个阶段需要父母保驾护航，帮助孩子度过磨合期。

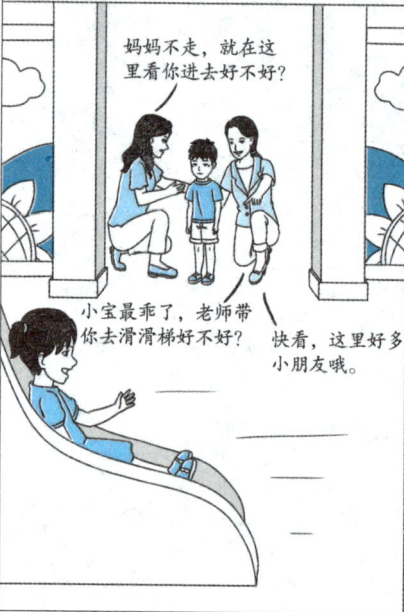

# 和孩子一起做好上幼儿园的准备

入园是孩子成长过程中的一个新起点，它会引起孩子在生活习惯和学习活动上的一系列变化，孩子能不能适应进入幼儿园之后的变化，对于他以后的成长来说有着很大的影响。父母应该和孩子一起做好上幼儿园的准备，使他顺利地适应这一阶段的变化。此时的准备并不仅是购置学习文具那样简单，更重要的是心理上、生活习惯上的准备。

这个周末，妈妈带着孩子去购买文具，一路上孩子满心欢喜："我要买喜羊羊的书包、喜羊羊的文具盒、喜羊羊的铅笔，妈妈，再给我买一套喜羊羊的新衣服吧，这样我就是喜羊羊了。"妈妈笑着点头，在文具店，在妈妈的帮助下，孩子挑选了铅笔、橡皮擦、水杯，在挑选书包的时候，两人发生了冲突，孩子喜欢那毛茸茸的小书包，可妈妈觉得太幼稚了，而且也太小了。

妈妈耐心给孩子讲道理："这个包包太幼稚了，只适合小朋友背着出去玩，不适合上学用，而且你到了学校，老师会发很多书给你，到时候你的包包装不下，人家小朋友就会笑话你了。"妈妈好说歹说，孩子才松口了，另外选了一个印着喜羊羊的书包。

孩子在前不久还是一个天真活泼的小朋友，那时候他只知道玩耍打闹，现在却要进入幼儿园，过一种群体的生活，这对于孩子来说是一种心理上的变化，必须让孩子从心理上接受这一事实。

孩子天生就有强烈的好奇心，他在面对那些自己不明白的事情时总爱问："为什么？""这是什么？"这时，父母要珍惜孩子的求知欲并因势利导，启发孩子自己动脑筋想一想，必要的时候给予他帮助，满足他的求知心理，这样可以激发他学习的兴趣。另外，父母在平时可以向孩子讲述一些科学家小时候的故事，以及地球以外的世界，等等。当孩子急切地想知道这一些奥秘时，父母就应该告诉他："你上学之后，老师会给你讲明白的，老师还会教给你许多的知识，告诉你许多故事。"这样可以激发他上学的欲望，为其做好心理上的准备。

## 小贴士

### 1.冷静对待孩子的不适应阶段

孩子刚上幼儿园，免不了会哭闹、情绪波动，这些都是正常的。可能一些父母很心疼，一看到孩子哭闹就忍不住跑过去安慰，放心不下，老想着去看一看。其实完全没必要，父母越是舍不得，孩子的焦虑感就会越强，越不容易适应幼儿园。

### 2.给孩子找个伙伴

如果家附近有小孩在一个幼儿园或一个班的，可以结伴一

起去幼儿园。回来后让孩子们一起讨论幼儿园发生的趣事，一来二去孩子就有伙伴了，相互有了依靠也就不会再哭闹了。

### 3.帮孩子做好身体上的准备

上了幼儿园之后，孩子就要独立地学习，接受各种基本技能的训练，每天需要消耗较多的体力，这时候孩子需要健康的身体。父母需要保证孩子充足的营养和休息，防止疾病，使孩子保持身心健康；让孩子养成锻炼身体的习惯，增强体质；让孩子保护好自己的感觉器官，尤其是眼睛和耳朵。另外，父母应该在孩子正式入园前带孩子到医院做一次体格检查，了解孩子的生长发育是否符合各项指标的要求，是否感染了疾病，若真的感染了疾病就必须抓紧时间治疗，以保证孩子健康入园。

### 4.购置学习用品

父母应该带着孩子一起购买必要的学习用品，在选购学习用品时，父母要建议孩子选择那些美观实用的，尽可能地避免购买那些玩具性的学习用品，以免孩子学习时会注意力不集中。同时，父母应该把各种学习用品的用途、使用和收藏方式告诉孩子，让孩子了解各种学习用具。

### 5.准备一间书房

若家里有条件应该给孩子准备一间书房，至少让孩子有一个固定的放文具、做功课的地方，购置一个小书架，使孩子在入园开始就能有序地安排学习，完成功课，养成良好的学习习惯。

# 帮助孩子消除分离焦虑

孩子到了上幼儿园的年龄，便会产生"分离焦虑"症，即孩子因与父母分离而引起的焦虑、不安或不愉快的情绪反应。孩子会出现哭闹不止、焦躁不安、总是想找妈妈等行为。到了孩子上幼儿园时，总会看到许多孩子哭得撕心裂肺，或扯着父母的衣服，或抱着父母不放手，不仅孩子哭，父母眼眶也红了。

面对孩子进入幼儿园上学，父母总是各种担心，各种舍不得……很多父母比孩子更紧张、更焦虑。在这一阶段，孩子从家庭进入幼儿园，由于环境有了很大的改变，所以又被称为"心理断乳期"。

宝宝2岁半了，9月开始上幼儿园。第一天出门前高高兴兴地跟妈妈说："妈妈，我去上学了。"妈妈觉得很欣慰，孩子应该不会哭闹。但是，一到分别的时候，宝宝拽着妈妈的衣角不肯放手，哭喊着："妈妈，我要跟你一起走。"最后妈妈和幼儿园老师好心安慰，宝宝情绪才平复下来，妈妈趁着孩子不注意时偷偷溜了。

宝宝回家之后就开始发脾气、哭闹，第二天说什么也不愿意去幼儿园了，不让家里人提起上幼儿园的事，睡梦中经常哭醒说"不上幼儿园"，妈妈只有安慰他说不去幼儿园才能安心睡着。妈妈觉得上幼儿园已经成为宝宝的巨大心理负担，看着他那么小却要承受那么大的心理压力，妈妈感到苦恼，可又不能真的不让孩子去上幼儿园。

孩子在上幼儿园时，之所以会出现分离焦虑症，是源于孩子缺乏安全感。一方面，孩子担心被父母抛弃；另一方面，孩子原本的生活习惯和规律被改变，所去的都是新的环境、看见的是新的面孔，所以非常缺乏安全感。

对孩子来说，自己需要具备一定的独立和自理能力，不能像在家里，什么事情都有父母照顾。孩子要学会自己吃饭、喝水、穿脱衣服、上床睡觉、上厕所、遵守幼儿园的规则……这对于两三岁的孩子来说，会感到一种挑战和压力。孩子可能会出现情绪行为，严重者还会感冒发烧，甚至住院。

所以，父母要帮助孩子克服分离焦虑症，顺利度过"心理断乳期"下面的小贴士给出了一些建议。

## 小贴士

### 1.给孩子较多的安全感

平时生活中，父母要多陪孩子读书、做游戏，给孩子讲故事，把最好的陪伴给孩子，让孩子每时每刻都能感受到父母的爱和温暖，内心有足够的安全感和对父母的信任。这样孩子在上幼儿园时就不会担心再也见不到父母，以为自己被父母抛弃了。

### 2.带孩子提前熟悉幼儿园环境

在没有上幼儿园之前，父母可以带孩子参观幼儿园，让孩子提前了解熟悉幼儿园环境和老师，让他们感受和其他小朋友在一起的快乐时光。在条件允许的情况下，父母可以让孩子多待一会儿，跟老师亲近亲近，跟小朋友拥抱，让他们喜欢上幼儿园及幼儿园的老师和小朋友。

### 3.增加亲子共读时光

现在有很多供亲子阅读的绘本读物，父母可以引导孩子一起阅读，按照书里的内容做一些游戏活动。这样可以帮助孩子了解幼儿园的生活，学会如何与小朋友相处，这对缓解孩子焦虑症有很大好处。

### 4.把孩子入园当作平常事

孩子上幼儿园那天，只需要一个人送就可以，别搞得一大家子人都去，这样只会让孩子更紧张焦虑。当一家人离开时，孩子会更加孤独失落，这很不利于孩子快速融入幼儿园生活。

### 5.和孩子做一个约定

父母可以和孩子做个约定，告诉孩子："宝宝，你乖乖去上学，妈妈去上班，等你放学的时候，我一定准时在幼儿园门口等你，妈妈绝不迟到。"这样可以让孩子知道，父母永远是最亲、最值得信任、最爱他们的人。当然，父母不要撒谎"妈妈一会儿就来"，否则会让孩子感到焦虑，同时影响孩子对父母的信任。

### 6.准时接孩子放学

孩子上幼儿园一天不见父母，会更加想念父母。到了接孩子放学的时候，父母可以给孩子一个热情的拥抱，告诉孩子：

"妈妈来接你了。"让孩子知道父母是守诺的，分离只是暂时的，然后拉着孩子的手一起走出幼儿园。

### 7.培养孩子的生活自理能力

在孩子上学之前，父母可以培养孩子生活自理能力，如自己吃饭、上厕所、洗手、睡觉、穿脱衣服、认识自己的东西等，有意识地培养孩子的独立性，增加孩子的自信心，让孩子觉得自己长大了。

### 8.让孩子多与同龄孩子玩耍

平时父母可以多制造让孩子与同龄小朋友一起玩耍的机会，扩大孩子的接触面，如带孩子去公园、儿童乐园，让孩子和同龄孩子一起玩耍。

### 9.父母不要偷偷观察孩子

当孩子上学后，假如父母各种担心，陪着孩子不愿意离开，或者即便离开后，还一直舍不得走，甚至躲起来偷偷观察孩子，等孩子一哭就马上跑回来抱孩子，这样做反而会让场面失控，让孩子更焦虑，从而更加不愿意上学。

## 幼儿园是比家里更有趣的地方

幼儿园和家里大不相同，在家里，孩子多以游戏为主，玩耍打闹成为孩子每天的活动。但幼儿园主要是集体生活，孩子需要讲秩序、讲规矩，学习一些基础的知识，他们的生活和学习由松散、随意转向严格、认真，这种根本性的改变必然会给孩子带来种种压力。为了帮助孩子减轻这样的压力，父母应该培养起孩子学习的兴趣，让他们认为幼儿园比家里更有趣。

晚上，妈妈给孩子讲起了故事：几十年前，波兰有个叫玛丽的小姑娘，学习非常专心，不管周围怎么吵闹，都分散不了她的注意力。一次，玛丽在做功课，她姐姐和同学在她面前唱歌、跳舞、做游戏。玛丽就像没看见一样，在一旁专心地看书。姐姐和同学想试探她一下。她们悄悄地在玛丽身后搭起几张凳子，只要玛丽一动，凳子就会倒下来。时间一分一秒地过去了，玛丽读完了一本书，凳子仍然竖在那儿。从此姐姐和同学再也不逗她了，而且像玛丽一样专心读书，认真学习。玛丽长大以后，成为一个伟大的科学家。她就是居里夫人。

故事讲完了，孩子眨着大眼睛："妈妈，居里夫人是谁？"妈妈卖了个关子："老师会告诉你的，像这样类似的故事，你的书本里还有很多，你的老师那里也有很多，等你认识了许多字，你还可以自己阅读，很有趣吧。""嗯，我要向她学习。"孩子向妈妈做了保证，随后就甜蜜地进入了梦乡。

我们经常说，兴趣是最好的老师，对于就要上学的孩子更是如此。在这一阶段，孩子还没有足够的自我控制意识，注意力集中的时间也不长，如果让他觉得学习没有兴趣，他就会产生一种厌学情绪。而对陪伴孩子一起成长的父母来说，孩子

喜欢什么自己当然是最清楚了，你可以依据孩子的兴趣为他报一些课外班，如素描、乐器、跆拳道等，通过这些来激发孩子的学习兴趣。父母可以经常与孩子交谈一些学习方面的事情，告诉他学习会使人有知识、有本领，并为之提供表现的机会，使他运用学习到的知识去解决简单的日常问题，给他一种成就感。父母也可以利用卡片、图画、故事、游戏等形式帮助孩子学习或复习书本知识，做到寓教于乐。

### 小贴士

#### 1.有趣的新环境

有的孩子念念不忘儿童乐园一起的玩伴，觉得上学之后就没有一起玩的朋友了。父母应该告诉孩子，新学校那样的环境更有趣，你可以结识比儿童乐园更多的朋友，下课之余也可以与朋友一起玩耍。让孩子觉得，新的环境不仅能学到很多的知识，还能认识更多的朋友，这样让孩子觉得新的环境将更加有趣。

#### 2.讲述自己的上学趣事

父母也可以通过讲述自己童年在幼儿园度过的美好时光，以及发生在幼儿园阶段的童年趣事，告诉孩子自己那时候是怎么来度过这一段时间的，让孩子觉得即便是新的环境，还是可以过同样有趣的生活。孩子天生对事物都有强烈的好奇心、新鲜感，他们也会觉得通过幼儿园可以听到许多以前没有听过的故事，还可以认识更多的新朋友，这让孩子觉得未来所期待的都是新鲜的、美好的。

## 提前调整作息时间以适应幼儿园生活

孩子从家里进入幼儿园，这是人生的一个重要转折期。他们要从以游戏为主的玩耍世界进入以秩序为主的生活，从没有严格的作息时间到必须按照严格的作息时间来约束自己。

早在1个月前，孩子还没有正式进入幼儿园的时候，妈妈就开始有意识地强调作息时间这个概念，以提醒孩子即将到来的幼儿园生活。妈妈每天早上7点把孩子叫醒，而且尽量在7点40分能吃完早饭，因为如果开始入园了，这个时间就是他们出门的时间。

孩子正式入园了，由于之前有着良好的作息习惯，倒是没有出现过什么情况。晚上按时入睡，早上按时起床，上学都很有规律。可是那天孩子上学居然迟到了，原来外公来了，前一天晚上孩子和外公玩得很高兴，迟迟不去睡觉，直到快11点才入睡。放学路上，妈妈已经知道孩子今天上学要迟到了，妈妈问孩子："老师批评你没有？"孩子摇了摇头，妈妈说："下次家里有客人来了，也要按时睡觉，这样上学就不会迟到了，知道吗？"孩子点点头。

在家里，没有上课下课之说，想什么时候去厕所只需要跟父母说一声，完全是自由安排时间。但上了幼儿园，就不能这样随便，铃声响了才能下课，这一系列变化对于孩子来说是一个考验。因此，父母应该帮助孩子调整作息时间，以适应幼儿园的正常生活。

### 小贴士

#### 1.提前调整孩子的作息时间

作息时间作为一种生活习惯并不是一朝一夕就能养成的，父母最好提前1个月或者几个星期就开始帮助孩子调整作息时间。在入园前1个月，父母可以按照幼儿园的时间表为孩子列出一份作息计划：早睡早起，这需要父母以身作则，给孩子树立好的榜样；逐渐安排孩子参加午间活动，减少午睡的时间，因为幼儿园的午睡时间没家里那么长；下午的时间安排去儿童乐园，这样孩子上幼儿园后就很自然地养成健康的作息时间。

#### 2.严格按照幼儿园的作息时间调整

上幼儿园后，在孩子身上会频繁地出现"时间"这个概念，相对于家里相对松散的作息时间，幼儿园的作息时间更加严格。从早上起床时间到路上的交通时间，再到上课时间、休息时间、活动时间、作业时间、上床睡觉时间等都环环相扣。从作息时间上来看，幼儿园并不严格，可以早一点来，也可以晚一点来。除了需要孩子早睡早起，还需要有意识地训练孩子长久地专注一件事情，让孩子能坚持下来而且不容易精神分散。你可以让孩子画一张内容丰富且复杂的画，讲一个较长时间的故事。

另外，课间休息是孩子可以自由支配的时间，要让孩子知道"课间时间"的概念，并能够合理利用这一段时间，如去上厕所、喝水、到操场活动一会儿。幼儿园的午睡时间和家里不一样，父母在孩子入园前几个月就要调整孩子的午睡时间，保持和他上幼儿园一致的作息时间。

### 3.向孩子灌输"时间"这一概念

在日常生活中，父母需要有意识地向孩子灌输"时间"这一概念，让孩子懂得什么时间该做什么事情，并一定要坚持做好。例如，有的孩子从幼儿园回到家就打开电视，直到深夜才睡觉，这就是一个很不好的习惯。父母需要告诉孩子，什么时间该做什么事情，要学会控制自己的愿望和行为。培养孩子按时吃饭的习惯，并要求孩子不要拖拉，每天养成按时睡觉的好习惯，使一天的生活富有规律性，才能有充足的体力和精力来面对幼儿园生活。

# 教会孩子自己动手整理书包

经常丢三落四，找不到自己的书和作业本，漂亮的书包里乱得像"纸篓"，这在许多孩子身上时常发生。而造成这种结果的很大一部分原因就是父母对孩子的事情大包大揽，他们总认为孩子还小，一些事情还不会，且不懂得教会孩子怎么去做，连整理书包这样的事情也一手包办。长期这样下去，孩子的生活自理能力就会越来越差，现在可能只是书包乱糟糟的，以后他的生活都会乱糟糟的，没有任何条理性。作为父母，应该和孩子一起整理书包，培养孩子的动手能力和责任意识。

晚上回到家，妈妈把豆豆的书包打开，发现几天没有检查他的书包，真成了一个名副其实的"纸篓"，简直是乱得不像话。孩子在旁边站着不吱声，妈妈让孩子坐下，一边把书包里的东西取出来，一边跟孩子说："宝宝，你知道为什么今天会忘记带水杯吗？""因为我没有整理好书包，所以，把水杯落在了家里。"孩子不好意思地说。妈妈没有再说什么，这时候，她已经把所有的东西都取出来了，把书包里面的垃圾灰尘清理了一遍。她吩咐孩子把东西归类，书本放一起，生活用品放一起，小玩具放一起，她先示范了一次，让孩子跟着整理了一次，妈妈说："玩具之类的放在家里，带到学校会影响你的学习，以后，每天晚上睡觉前你都要整理书包，我会陪着你一起整理，也可以你整理完了给我检查，明白了吗？""嗯。"孩子点点头。

孩子生活自理能力差，动手能力差，对父母依赖性强。面对这样的情况，父母需要教育孩子，让孩子明白自己已经长大了，自己能做的事情要自己做，特别是自己的学习用品、书包，一定要自己整理，这样，就不用担心东西找不到了。另外，父母要首先从和孩子一起整理书包开始，为了让孩子学会有序地生活，父母应该有意识地让孩子做一些力所能及的事情，不要担心孩子做不了，重要的是培养他独立生活的能力。

### 小贴士

#### 1.教会孩子如何有序地整理书包

在日常生活中，父母可以和孩子一起动手整理书包，在这过程中教会孩子如何有序地整理书包。父母可以先与孩子一起交流看法，书本文具之类的学习用品应该如何摆放才更合理，使用起来也更方便。刚开始的时候，父母可以和孩子一起动手整理，教给孩子收拾书包的方法，边教边示范，这时候父母要有足够的耐心和细心，让孩子看到自己的成功，体验到快乐。

然后，父母可以鼓励孩子自己动手整理书包，父母在旁边引导，这时候要以孩子的想法和做法为准，如果孩子摆放不合理，父母要启发孩子找到原因，不要强制性地批评和斥责，否则不利于培养孩子的主动性，还会挫伤孩子的自信心。当孩子能够独立整理书包了，父母就要经常检查，并作出简单细致的总结，帮助孩子提出改进的建议，逐渐提高孩子整理书包的标准。

#### 2.让孩子学会有序地生活

整理书包是一个细致活儿，它包括分类、顺序等因素，让孩子先学会分类，另外，为了减轻孩子书包的重量，让孩子把暂时不用的东西放在家里或者教室，如玩具、不用的课本。在这一过程中，孩子学会了有序整理东西，继而学会有序地生活。

学会有序的生活是追求高品位生活的表现，特别是对于正在成长的孩子来说，有序的生活环境有利于孩子形成良好的生活习惯，孩子将受益终身。这时候不妨让孩子从收拾自己的书包开始，逐步培养孩子有序的生活习惯。唤醒孩子的独立意识，改变孩子事事都依赖父母的坏习惯，当孩子乐意主动动手整理书包，父母要给予表扬，让孩子看到自己的成功，体验到快乐。

### 3.培养孩子独立生活的能力

许多父母反映，孩子很聪明也很可爱，可就是生活自理能力太差了，连收拾书包这样简单的事情都要让父母做。实际上，孩子之所以生活自理能力差，很大程度上是父母大包大揽造成的，这时候父母不妨和孩子一起动手整理书包，让孩子从日常家务和学会生活自理开始。父母和孩子在整理书包的过程中，有意识地教孩子养成整理书包的习惯，甚至可以要求孩子睡前必须整理书包，这样养成独立生活的能力，才能让孩子更好地投入到学习中。

另外，父母还应该让孩子养成做事有条理的习惯，如先放什么再放什么，这样方便上学时拿取东西，让孩子体验到做事有条理带来的方便。长此以往，他就会养成做事有条理的好习惯。

# 第 10 章

## 亲子敏感期，让孩子感受到你的爱

　　父母是孩子人生道路上的引路人，而良好的亲子关系是帮助孩子健康成长的基石。亲子关系是孩子一生中最早体验到的关系，也是人际关系中最重要的一环。如果这层关系发展良好，它将会成为孩子一生中一连串和他人良好关系的基础。

## 鼓励孩子发现自己的兴趣

人们经常说："兴趣是最好的老师。"所有的成功都是从最初的兴趣开始的，兴趣是一切行为的出发点和原动力，是一切成功的最初条件。犹太人非常重视幼儿的兴趣教育，正因为如此，在犹太民族中，才经常涌现出天才。爱因斯坦、玻尔、斯皮尔伯格的父母很早就认识到好奇心对孩子成才的巨大作用，所以他们才能培养出影响世界的天才儿童。

孩子经常会向家长提出各种各样的问题。这时，家长应该努力激发孩子的兴趣，不要急于将自己知道的知识告诉孩子，应该让孩子自己找出答案。随着知识的增加，孩子如果失去了当初的好奇心和兴趣，就应该不断想办法让孩子不要仅仅满足于已经学会的知识，而要向更广的知识领域进军。

父母在孩子刚开始学习的时候，就不断向孩子灌输学习是一件甜蜜而快乐的事情，这样孩子从小就会对学习产生兴趣。孩子如果在学习上不断取得成功，就会产生更浓厚的兴趣，会无意识地激励自己不断地学习。

孩子对一切都感到非常好奇，他们认为一切都是非常有吸引力的。这时候，他们会想尽办法进行研究，但是自己的智力水平又达不到，所以他们的好奇心会让他们不断学习。随着年龄的增长，孩子的智力也不断增长，这时，孩子的好奇心就会逐渐地减弱甚至消失，以至于对一切都习以为常。明智的父母会鼓励孩子对自己感兴趣的东西进行研究，随着时光的流逝，孩子的兴趣就会不断地增长。

卡尔·维特堪称天才，他在八九岁时就精通德语、意大利语、拉丁语、英语和希腊语，对动物学、植物学、化学也有一定的了解，尤其是数学方面的造诣比较高。不过，别看小维特这么知识渊博，他并不是书呆子，他喜欢学习，且从学习中感受到快乐。

与普通的孩子并没有两样，小维特也有自己的爱好和性格。他刚开始接触数学的时候，一点儿都不喜欢背诵乘法口诀，父亲却希望孩子能够爱上数学，所以他有意识地培养孩子的兴趣，通过掷骰子、数豆子、商店买卖等游戏勾起孩子的学习兴趣，让孩子在生活中接触数学，一下子让小维特爱上了数学，后来变得非常擅长数学。

要想让孩子长大以后有所作为，就应该注意培养孩子的兴趣，兴趣是一切行动的原动力和起始点。孩子首先会对某些事情感到好奇，然后才会产生兴趣。每个人都有好奇心，孩子的知识有限，他们对很多事情都不了解，因为好奇，所以才希望探索。一旦失去了好奇心，就会失去探索的动力，甚至会止步不前。

要想使孩子在某一领域有所建树，必须不断地培养孩子对这一领域的兴趣。兴趣是最好的老师，也是成功的起点。一切兴趣皆是由好奇心引发。如果在孩子很小的时候就注意激发他们的好奇心，并鼓励他们不断地研究下去，就能使孩子走向成功。

### 小贴士

#### 1.让孩子保持浓厚的好奇心

父母应该让孩子保持浓厚的好奇心，引导孩子采取实际行动去接近那些美好的事物，为其揭开神秘的面纱，如游戏这么好玩，它是如何设计出来的？要解决这个疑问，就要进一步钻研，翻阅计算机书籍或者百科全书，这样就对计算机产生了兴趣。

#### 2.让孩子保持兴趣的稳定性

我们要给孩子培养一种兴趣，就要让他们不间断地去熟悉它，逐渐地让它成为孩子生活的一部分。每天都接触到它，时间久了自然会"上瘾"，如喜欢打篮球的男孩子，一天不打就觉得全身没劲，那是因为篮球已经成为他们生活中的兴趣。

#### 3.需要将兴趣延伸，使之成为孩子的特长与技能

如果孩子整天都玩电脑，但只是随便地消磨时间，并没有将自己对计算机的兴趣延伸，那么这样重复下去，他将对计算机失去兴趣。当孩子对某件事物感兴趣的时候，需要有一个深入的方向，将孩子的兴趣延伸，一层一层地向前"翻阅"，让孩子在兴趣中收获快乐。

#### 4.让孩子认识一些志同道合的朋友

父母可以引导孩子结交一些志趣相投的朋友。如孩子喜欢文

学，那就选择几位文学爱好者做朋友。这是因为即使自己对某样事物有着极大的兴趣，但总会有停滞的时候，这时候，如果有几个朋友在旁边加油鼓劲儿，孩子对感兴趣的事物会越发专注。

## 尊重孩子，他们才会更爱你

父母要非常重视孩子关于"尊重"这方面的教育，这是影响孩子一生的美德。只有尊重别人的人，才会在某些方面获得更多的机会。在和伙伴们的相处中，会变得更有人缘；在学习上，更容易得到同学和老师的帮助；在工作中，更容易得到老板的器重；在事业上，更容易得到同事的帮助和支持。这样的人才更容易在事业上取得成功。

懂得尊重，是要从小学起的。只有尊重别人的人，才能得到别人的尊重。一些父母在孩子很小的时候就注意培养孩子尊重别人的习惯，父母会让他们知道，只有尊重别人的人，才会赢得别人的尊重，也才能因此迎来成功的机会。

安迪才3岁，由于家里就他一个孩子，所以他的父母非常疼爱他。安迪觉得父母对他言听计从是应该的，因为父母就他一个孩子，就应该非常乐意地为他服务。父亲发现孩子有这样的心理后，非常担忧，他觉得孩子一切都还好，就是不会尊重别人，现在对待父母就这样，那以后就更加令人担忧，于是他就想用一种方法，将这个问题解决。

　　有一次，安迪要喝牛奶，他对着正在做家务的母亲喊道："给我拿瓶牛奶。"母亲刚想去做，安迪的父亲将她拦住了。他向她使了个眼色，他觉得这就是解决问题的突破口。母亲于是又重新去做她正在做的家务。安迪见母亲迟迟不来，就冲着父亲的方向喊道："我要喝牛奶。"父亲也不吱声。安迪感觉很不解，就过来问父亲："为什么你们都不给我拿牛奶？""孩子，你已经快上幼儿园了，这说明你已经是个大人了。既然是大人，那就应该用大人的办法解决大人的问题。你让我们帮你拿牛奶，那为什么你不知道称呼我们呢，这样我们怎么会知道你是在请谁帮忙？请人帮忙是一件麻烦别人的事情，当别人在做着其他事情的时候，更是如此。所以你请人帮忙就不应该这样理直气壮，你应该知道如果你的态度不诚恳，别人是不会帮你的。"安迪若有所思地想了想，觉得父亲说的有道理。"那我应该怎么说才是正确的呢？"安迪问道。"应该像这样，妈妈，帮我拿瓶牛奶可以吗？"父亲说道。安迪于是就对父亲说道："爸爸，帮我拿瓶牛奶可以吗？"父亲很高兴地帮助了他。安迪在父亲的教育下，终于学会了怎样做才是真正地尊重人。

　　安迪父母的这种教育方式值得每个父母学习。只有从小就关注孩子在道德方面的教育，孩子长大以后才会成为一个对社会有用的人。只有这样，孩子才能不断地走向成功。

孩子是需要从小培养的，孩子的年龄小，他们接受的教育会很容易影响他们。现代社会独生子女越来越多，有些父母不注意培养孩子的道德品行，那么孩子在长大以后就依然不会尊重别人，而且随着年龄增大，形成的习惯很难再改。这个时候所有的一切已经定型了，就算是想有所改变也很困难。

💪 小贴士

### 1.别忽视成长中的"尊重"教育

身为父母的人，都应该注意这方面的教育，不要以为孩子还小，这些教育不利于孩子的成长。大量的事实证明，这一想法是错误的。如果在孩子很小的时候就忽视了这方面的教育，那么以后要进行弥补，就会付出很大的代价。一个不会尊重别人的人永远不会得到别人的尊重。尊重别人表现在生活中就是对别人一定要有适当的称谓，这是尊重别人的最起码的常识。

### 2.父母请做好榜样

请别人帮忙的时候，不要用"理所应当"的语气，要知道这是一件麻烦别人的事情，而不是别人麻烦你。所以语气一定要好，不然别人是不会帮助你的。对待别人的时候一定要客气、和气。如果别人有求于你，你就应该想想自己是否能做到，如果可以做到，那就尽全力地帮助别人，如果的确超出了自己的能力范围，那就应该坦言相告，如实地说出自己的难处，这样别人也不会怪罪你的。

## 你对孩子的关心到位了吗

父母如果对孩子的心性仔细了解，说些贴合孩子心理的话，就会使孩子养成好性情，有利于孩子的健康成长。孩子会由于父母不同的教养方式呈现出不同的性情。良好的教养方式，能够促进孩子的健康成长和发育；拙劣的教养方式，会改变孩子的性格，使活泼可爱的孩子神情抑郁、苦闷不堪。

或许，身为父母，我们都曾无数次想象孩子美好的未来及其成功的样子。但是，即便我们想得再好，也往往改变不了现实。不管怎么样，首先得让孩子成为一个有爱心的人，而这就需要我们父母的教育和引导。在生活中，对孩子要经常嘘寒问暖，表达自己的父母情。

父母在教养孩子时，如对孩子说话温柔可亲，不焦急，不暴躁，说话切合孩子的心理，孩子就会养成好秉性，表现出活泼开朗、积极向上的个性。如果不了解孩子的心理，自己的心情抑郁，沉闷不乐，就不顾孩子的心理和感受，和孩子说话爱理不理、态度冷淡，孩子的心理就会受到打击，心情就会变得压抑，性格也会忧郁，这不利于孩子的健康成长。

父母用欣赏的口气，恰到好处地多鼓励孩子，孩子受到赞赏，受到重视，就会积极上进。如果和孩子说话措辞严厉，让孩子听了不知所措，孩子的上进心就会遭到打击，以至于心理蒙上阴影，对自己失去信心。

　　陈妈妈发现儿子李允这几天忙于玩足球，连学习都不放在心上，觉得很奇怪，最令她吃惊的是，当她问李允足球的来历时，李允竟然轻松地说，是自己从学校里拿出来的。这引起了陈妈妈的高度重视。她知道，学校的足球是不能随便带回家的。于是，她决定和李允好好谈谈。当李允玩得满头大汗地带着足球回到家时，陈妈妈已等候儿子多时。

　　看到陈妈妈正襟危坐的样子，李允意识到了自己的错误。他抱着足球站在那里，不知道该如何是好。陈妈妈让李允坐下，委婉地指出了李允所犯的错误。已经意识到自己犯错的李允，向妈妈坦白了自己的心思。陈妈妈又帮助他分析了错误的原因，发现李允只是出于对足球的喜爱而拿了学校的足球，便让他将足球归还给学校。

　　李允听了妈妈的话，非常懂事地把足球还给了学校。陈妈妈又给李允购置了一个足球，李允很开心，感谢妈妈对自己的理解。李允在搞好学习的同时，又提高了球技，还参加了学校的足球队，身心都得到了成长。看到李允健康成长，陈妈妈露出了欣慰的笑容。

　　对待犯错的孩子，父母不能武断地指责，要分析孩子犯错误的原因，让孩子从思想和心理上认识到自己的错误，进而去改正它。如果我们对孩子的错误不进行认真细致的分析，孩子认识不到自己的错误，就难以进行改正。案例中的陈妈妈，在发现孩子李允偷拿了学校的足球后，及时让其认识并改正自己的错误。为了培养李允的兴趣，陈妈妈又给李允购置了足球，满足了李允的兴趣爱好。

## 小贴士

### 1.说贴合孩子心理的话

了解孩子的心性，说贴合孩子心理的话，是培养孩子、塑造孩子性格的良好途径。对孩子的心性不了解，不明白孩子的优缺点，说话不符合孩子的心理，孩子就难以接受，难以明白。这样父母和孩子沟通就非常困难。只有了解孩子的心性，说贴合孩子心理的话，父母才能成功地与孩子进行无障碍的交流，倾听孩子的心声，培养孩子的兴趣，让孩子健康地成长。

### 2.对孩子多说鼓励欣赏的话语

孩子有着强烈的好胜心，总想做出一些不平凡的事情，但是因为自己的年龄较小、能力有限，事情的结果往往事与愿违。有的孩子会因为自己的一时失利而对自己失望。作为孩子的父母，我们要对孩子及时鼓励，不要因为孩子一时失败就对孩子严厉斥责。要让孩子树立信心，勇于尝试新事物。对于孩子的进步，要进行及时的鼓励，用欣赏的口气，恰到好处地多鼓励孩子，使他拥有强烈的自信心。

### 3.孩子犯错了，也要温和教育

孩子犯错，究其原因，不外乎两种情况：一是因为自己没有经验，能力达不到而犯错误；二是明知故犯，已经能明晓事情的结果，却故意犯错，在做事时发怒气、泄私愤，对别人进行打击报复。对待犯错的孩子，父母不应该视若无睹，要及时提醒孩子不要再犯同样的或无意义的错误，应该让孩子在错误中获益，让孩子明白知错必改的道理。

## 让爱走进孩子的内心世界

父母埋怨"孩子不理解自己的一片苦心"，孩子也抱怨"父母根本不了解自己"。孩子在这一阶段已经逐渐有了自己的内心小世界。由于惧怕、害羞等多种原因，他们会封闭自己的内心世界，不会轻易向父母吐露自己的内心想法。这时候，父母就需要主动走入孩子的内心世界，倾听孩子的所思所想，读懂孩子的烦恼与快乐，真正成为孩子的知心朋友。

如何化解亲子之间的代沟？那就是父母需要站在孩子的角度，理解对方。常常听到孩子这样抱怨："父母根本不理解我们的需要，他们想说的就说个没完，而我想说的他们却心不在焉。"许多孩子都有着这样的烦恼，其实，孩子内心有着许多想法，他们也有欢乐、有苦恼、有意见，如果父母没能主动走进孩子的内心世界，孩子有了想法没有得到及时的交流，那么父母与孩子之间的鸿沟就会越来越大。

一天，女儿放学回家后若无其事地告诉妈妈："今天上午

上数学课的时候，我居然睡着了。"上课的时候居然睡觉？妈妈听到这话就生气了，责备她："上课时睡觉，你说我辛辛苦苦挣钱供你读书，我都做啥了，你要这样做？"女儿有些委屈："我觉得困了就小眯了一会儿，睡醒了起来看见老师正在讲课，我都不知道自己睡了多久，也没人叫我。""睡觉，睡觉，我让你睡觉！"妈妈开始拿鸡毛掸子打女儿，女儿哇哇大哭。

过了一周学校开家长会，老师向妈妈反映："孩子很喜欢上课时睡觉，当着全班同学的面都批评了好几次，她还是这样，一点也不改进，希望你们可以敦促一下。"妈妈回到家，对女儿又是一顿打骂，女儿挂满泪水的脸上有了一丝幸灾乐祸的笑容。

心理学家认为，父母与孩子之间的沟通，孩子是掌握主动权的，因而有的父母就会说："他心里有什么想法，那也得开口向我说，否则我怎么能走进他的内心世界呢。"其实，孩子普遍有一定的惧怕心理和羞涩心理，自己即便是有一些想法，他也不会主动告诉父母，而是需要父母诱导孩子说出来，或者父母通过自己的方式来了解孩子，走进孩子的心灵世界。教育专家认为，要想走进孩子的心灵世界，就要和孩子交朋友。

💙 小贴士

### 1.主动与孩子的老师沟通

有的父母没有主动与孩子老师沟通的习惯，他们认为孩子在学校就应该是学校的责任，如果孩子有了什么事情，老师会主动联系自己的。其实，每个班级那么多学生，老师根本不能顾及每一个学生，这就需要父母主动与老师交流。这样，父母能及时地了解孩子的学习表现和思想素质，还能够积极主动配合老师，对孩子存在的问题进行及时改正，便于父母与孩子进行顺畅沟通。了解孩子最近的表现，有助于走进孩子的心灵世界。

### 2.冷静处理孩子的过错

明明知道孩子做错了，父母也应该保持冷静的心态，冷静地处理孩子的犯错行为。这时候，如果父母的情绪失控就意味着中断了自己与孩子的谈话，在孩子内心，他是不希望看到父母失望的，一旦父母表现出过分的失望和担忧，就会造成孩子隐瞒真实想法的严重后果。所以，当孩子犯了错误，父母要为孩子设身处地着想，为孩子分忧，不要对孩子的所作所为大肆发表自己的意见或者大声指责，这样孩子就会对父母说出自己内心的想法和秘密。

### 3.了解孩子的内心世界

有的时候，孩子并不愿意向父母坦白自己的想法和意见，甚至也不愿意与自己的好朋友交流，他们喜欢将自己的想法写成作文和日记。这时候，父母可以从孩子的作文和日记中了解他的内心世界，当然，看孩子的作文和日记，一定要征求他的同意，毕竟日记是孩子的隐私，暴露出来是需要勇气的，这需要父母理解。

### 4.与孩子成为朋友

父母要想主动走进孩子的内心世界，就要与孩子进行密切接触，消除距离感，成为孩子"零距离"的知心朋友，这样孩子才会把自己的一些想法、做法告诉父母。这时候，父母在孩子眼里不是高高在上的，而是一个可以交心的好朋友，孩子对父母就不会保留自己的秘密。

### 5.重视孩子的内心需要与感受

父母需要重视孩子的内心需要与感受，体会孩子的心声、苦恼，鼓励孩子表达自己的想法和感受。有时候，父母可能会不赞同孩子的一些行为，但是孩子内心的感受也是可以理解的。父母要明确，孩子对事物的感受或心理活动往往比他的思想更能引发他的行为。所以，父母应该重视孩子的感受，并对他的感受认真加以理解和评价，这样会促使孩子在你面前表露一个真实的内心世界。

### 6.给孩子战胜困难的勇气

当孩子面对没有做过的事情，或没有把握的事情，或者面对困境和挑战的时候，最希望得到父母真心的鼓励。告诉孩子"你能行""不要怕""再加把油""你是个勇敢的孩子""要有点冒险精神呀，宝贝"，以鼓励孩子勇敢面对、大胆进取，不断努力和尝试。

### 7.认可孩子的观点和行为

孩子往往希望可以从大人那里得到认可，但我们似乎总是让他们失望。父母应告诉孩子"你的看法有道理。""你一定有好主意！""你的想法呢？"而不要轻易否定他们的看法和想法，不要驳斥他们的意见，学着鼓励孩子表达自己的意见，表达出自己的心声，让他们按照自己的想法去做做看，去试探一番，宁愿他们从中得到教训，也不要轻易否定他们。没有试过，你怎么知道自己一定就比孩子高明呢？

### 8.珍视孩子的进步

随时都要看到孩子的进步，并及时给予赏识，这样会让孩子不断积累做好事情的勇气和信心，否则会让孩子失去前进的动力。对于孩子的任何一点进步，父母都应该及时给予鼓励和称赞，欣慰地对孩子说"你长大了"或者"不要急，慢慢来，你已经有了进步""你一点也不比别人笨，妈妈每次都能看到你的努力和进步"。这些足以让孩子看到你对他的重视，产生"我一定会做得更好"的勇气和信心。

# 参考文献

[1]鲁鹏程. 抓住儿童敏感期，你的教育就对了[M]. 北京：机械工业出版社，2012.

[2]罗耀先. 捕捉儿童敏感期[M]. 北京：中国人口出版社，2014.

[3]孙瑞雪. 捕捉儿童敏感期[M]. 北京：中国妇女出版社，2013.

[4]玛丽亚·蒙台梭利. 蒙台梭利儿童敏感期手册[M]. 蒙台梭利丛书编委会，译. 北京：中国妇女出版社，2016.